石油企业岗位练兵手册

变电运行工

大庆油田有限责任公司　编

石油工业出版社

图书在版编目（CIP）数据

变电运行工/大庆油田有限责任公司编．—北京：石油工业出版社，2017.11

（石油企业岗位练兵手册）

ISBN 978-7-5183-2115-5

Ⅰ.①变…　Ⅱ.①大…　Ⅲ.①变电所-电力系统运行-技术手册　Ⅳ.①TM63-62

中国版本图书馆 CIP 数据核字（2017）第 222475 号

出版发行：石油工业出版社

（北京安定门外安华里 2 区 1 号　100011）

网　址：www.petropub.com

编辑部：（010）64256770

图书营销中心：（010）64523633

经　　销：全国新华书店

印　　刷：北京中石油彩色印刷有限责任公司

2017 年 11 月第 1 版　2017 年 11 月第 1 次印刷

787×1092 毫米　开本：1/32　印张：8.75

字数：200 千字

定价：24.00 元

（如出现印装质量问题，我社图书营销中心负责调换）

前　言

岗位练兵是大庆油田的优良传统！是强化基本功训练、提升员工素质的重要手段。新时期、新形势下，按照全面加强三基工作的有关要求，为进一步强化和规范经常性岗位练兵活动，切实提高基层员工队伍的基本素质，按照“实际、实用、实效”的原则，大庆油田有限责任公司人事部组织编写了《石油企业岗位练兵手册》丛书。围绕提升政治素养和业务技能的要求，本套丛书架构分为基本素养、基础知识、基本技能三部分。基本素养包括企业文化（大庆精神、铁人精神、优良传统）和职业道德等内容，基础知识包括与工种岗位密切相关的专业知识和 HSE 知识等内容，基本技能包括操作技能和常见故障判断处理等内容。本套丛书的编写，严格依据最新行业规范和技术标准，同时充分结合目前专业知识更新、生产设备调整、操作工艺优化等实际情况，具有突出的实用性和规范性的特点、既能作为基层开展岗位练兵、提高业务技能的实用教材、也可以作为员工岗位自学、单位开展技能竞赛的参考资料。

希望本套丛书的出版能够为各石油企业有所借鉴，为持续、深入地抓好基层全员培训工作，不断提升员工队伍整体素质，为实现石油企业科学发展提供人力资源保障。同时，也希望广大读者对本套丛书的修改完善提出宝贵意见，以便今后修订时能更好地规范和丰富其内容，为基层扎实有效地开展岗位练兵活动提供有力支撑。

编　者

2017年3月

目　录

第一部分　基本素养

第二部分 基础知识

第三部分　基本技能

第一部分　基本素养

一、企业文化

（一）名词解释

1. 大庆精神： 为国争光、为民族争气的爱国主义精神；独立自主、自力更生的艰苦创业精神；讲究科学、“三老四严”的求实精神；胸怀全局、为国分忧的奉献精神。

2. 铁人精神： “为国分忧，为民族争气”的爱国主义精神；“宁肯少活二十年，拼命也要拿下大油田”的忘我拼搏精神；“有条件要上，没有条件创造条件也要上”的艰苦奋斗精神；“干工作要经得起子孙万代检查”、“为革命练一身硬功夫、真本事”的科学求实精神；“甘愿为党和人民当一辈子老黄牛”、埋头苦干的无私奉献精神。

3. “两论”起家： “两论”即毛泽东同志所著的《实践论》和《矛盾论》。1960 年 4 月 10 日，石油工业部机关党委做出《关于学习毛泽东同志所著〈实践论〉和〈矛盾论〉的决定》，号召全体干部职工用这两个文件的立场、观点、方法来组织大会战的全部工作。

4. “两分法”前进： 即在任何时候，对任何事情，都要用"两分法"。成绩越大，形势越好，越要一分为二，只看成绩，只看好的一面，思想上骄傲自满，成绩就会变成包袱，大好形势也会向反面转化。对待干劲也要用"两分法"。干劲一来，引导不好，就会只图速度，不顾质量，结果好心肠出不来好效果，反而会挫伤职工的积极性。领导要及时提出新的、鲜明的、经过努力能够达到的高标准，引导职工始终向前看。以"两分法"为武器，坚持抓好工作总结。走上步看下步，走一步总结一步，步步有提高，方向始终明确。

5. 三老四严：即对待革命事业，要当老实人，说老实话，办老实事；对待工作，要有严格的要求，严密的组织，严肃的态度，严明的纪律。

6. 四个一样：即对待革命工作要做到：黑天和白天一个样；坏天气和好天气一个样；领导不在场和领导在场一个样；没有人检查和有人检查一个样。

7. 岗位责任制：即把全部生产任务和管理工作，具体落实到每个岗位和每个人身上，做到事事有人管、人人有专责、办事有标准、工作有检查，保证广大职工的积极性和创造性得到充分发挥。

8. 一切经过试验：即在不同类型的客观事物中选择不同的典型进行试验，从而总结概括出该类事物中带有一般规律性的东西，借以指导面上工作的一种方法。

9. 三条要求：即项项工程质量全优，事事做到规格化，人人做出事情过得硬。

10. 五个原则：即有利于质量全优，有利于提高效率，有利于安全生产，有利于增产节约，有利于文明生产和施工。

11. 三个面向：即面向生产、面向基层、面向群众。

12. 五到现场：即生产指挥到现场、政治工作到现场、材料供应到现场、科研设计到现场、生活服务到现场。

13. 约法三章：即坚持发扬党的艰苦奋斗的优良传统，保持艰苦朴素的生活作风，永不搞特殊化；坚决克服官僚主义，不能做官当老爷；坚持“三老四严”的作风，谦虚谨慎，兢兢业业，永不骄傲，永不说假话。

14. 有第一就争，见红旗就扛：这是石油工业部和大庆会战工委命名的标杆单位——1202 钻井队的优良传统。

15. 宁要一个过得硬，不要九十九个过得去：会战时期油建十一中队提出的职工行为准则，是大庆人严细认真的具体体现。

16. 严、细、准、狠、快：指调度系统工作作风：“严”就是组织严密；“细”就是安排细致；“准”就是办事准确；“狠”就是抓工作要狠；“快”就是工作决策快、行动快。

17. 干工作经得起子孙万代检查：这是铁人王进喜同志的一句名言，成为大庆人的一种工作态度，是大庆人社会责任感和求实精神的具体表现。

18. 艰苦奋斗的六个传家宝：人拉肩扛精神，干打垒精神，五把铁锹闹革命精神，缝补厂精神，回收队精神，修旧利废精神。

19. 三超精神：超越权威，超越前人，超越自我。

20. “三基”工作：以党支部建设为核心的基层建设，以岗位责任制为中心的基础工作，以岗位练兵为主要内容的基本功训练。

21. 新时期“三基”工作：基层建设、基础工作、基本素质。基层建设是以党建、班子建设为主要内容的基层组织和队伍建设，是企业发展的重要保障；基础工作是以质量、计量、标准化、制度、流程等为主要内容的基础性管理，是企业管理的重要着力点；基本素质是以政治素养和业务技能为主要内容的员工素质与能力，是企业综合实力的重要体现。

22. 四懂三会：懂设备性能、懂结构原理、懂操作要领、懂维护保养；会操作，会保养，会排除故障。

23. 20世纪60年代“五面红旗”：王进喜、马德仁、段兴枝、薛国邦、朱洪昌。

24. 新时期铁人：王启民。

25. 新时期“五面红旗”：姜传金、赵传利、权贵春、何登龙、王宝江。

26. 新时期“五大标兵”：李新民、冯东波、张书瑞、谢宇新、徐洪霞。

27. 新时期好工人：朴凤元。

28. 大庆新铁人：李新民。

（二）问答

1. 中国石油天然气集团公司的企业宗旨是什么？

奉献能源，创造和谐。

2. 中国石油天然气集团公司的企业精神是什么？

爱国、创业、求实、奉献。

3. 中国石油天然气集团公司的企业理念是什么？

诚信、创新、业绩、和谐、安全。

4. 中国石油天然气集团公司的核心价值观是什么？

我为祖国献石油。

5. 中国石油天然气集团公司的企业发展目标是什么？

全面建成世界水平的综合性国际能源公司。

6. 中国石油天然气集团公司的企业战略是什么？

资源、市场、国际化、创新。

7. 大庆油田名称的由来?

1959 年 9 月 26 日，建国十周年大庆前夕，位于黑龙江省原肇州县大同镇附近的松基三井喷出了具有工业价值的油流，为了纪念这个大喜大庆的日子，当时黑龙江省委第一书记欧阳钦同志建议将该油田定名为大庆油田。

8. 中央何时批准大庆石油会战的?

1960 年 2 月 13 日，石油部以党组的名义向中央、国务院提出了《关于东北松辽地区石油勘探情况和今后部署问题的报告》，1960 年 2 月 20 日中央正式批准大庆石油会战。

9. 大庆投产的第一口油井和试注成功的第一口水井各是什么?

1960 年 5 月 16 日，大庆第一口油井中 7-11 井投产。1960 年 10 月 18 日，大庆油田第一口注水井 7 排 11 井试注成功。

10. 会战时期讲的“三股气”是指什么?

对一个国家来讲，就要有民气；对一个队伍来讲，就要有士气；对一个人来讲，就要有志气。三股气结合起来，就会形成强大的力量。

11. 什么是“三一”“四到”“五报”交接法?

对重要的生产部位要一点一点地交接、对主要的生产数据要一个一个地交接、对主要的生产工具要一件一件地交接；交接班时应该看到的要看到、应该听到的要听到、应该摸到的要摸到、应该闻到的要闻到；交接班时报检查部位、报部件名称、报生产状况、报存在的问题、报采取的措施，开好交接班会议，会议记录必须规范完整。

12. 三基的由来？

1962 年 5 月 8 日凌晨 1 时 15 分，大庆油田中 1 注水站突然起火，不到 3 小时全部厂房化为灰烬。主管一线生产工作的宋振明认为，这场大火暴露出的问题，主要是岗位责任制不明确。会战总指挥康世恩充分肯定了这一看法，并提出组织 12 个工作组到不同工种的单位蹲点，总结经验，建立岗位责任制。宋振明带队到北 2 注水站蹲点，他总结群众经验，制定出“岗位专责制”等 4 项制度，加上其他单位总结的制度，形成了完整的基层岗位责任制。随着时间的推移、实践的发展和认识的深化，逐步形成了具有大庆特色的以岗位责任制为基础的管理体系，并发展演变成后来的三基工作：即加强以党支部建设为核心的基层建设、加强以岗位责任制为中心的基础工作、加强以岗位练兵为主要内容的基本功训练。

13. 大庆油田新时期加强三基工作的指导思想是什么？

坚持以科学发展观为指导，大力弘扬大庆精神铁人精神，围绕贯彻集团公司安排部署，推进实施《大庆油田可持续发展纲要》，认真落实继承与创新相结合，全面普及与持续提升相结合，机关指导与基层创建相结合的原则，不断加强基层建设，夯实基础工作，提升基本素质，全面提高三基工作水平，为油田科学发展奠定坚实基础。

14. 大庆油田新时期三基工作的主要目标是什么？

基层组织坚强有力、基础管理科学规范、基本素质整体优良、基层业绩显著提升。通过不懈努力，逐步建设一个层层负责、权责明确、落实到位的三基工作责任体系，打造一批弘扬传统、开拓创新、引领发展的三基工作示范基地，构建一个全面覆盖、分级考核、动态管理的三基工作达标机

制，形成一个科学规范、运行顺畅、执行有力的三基工作管理格局，促进三基工作整体水平持续提高，确保三基工作始终走在集团公司前列。

15. 大庆油田原油年产5000万吨以上持续稳产的时间？

1976年至2002年，大庆油田实现原油年产5000万吨以上连续27年高产稳产，创造了世界同类油田开发史上的奇迹。

16. 大庆油田的企业宗旨是什么？

奉献能源，创造和谐。

17. 大庆油田的企业精神是什么？

爱国、创业、求实、奉献。

18. 大庆油田的企业使命是什么？

大庆油田为祖国加油。

19. 大庆油田的核心经营理念是什么？

诚信、创新、业绩、和谐、安全。

20. 大庆油田的市场理念是什么？

用大庆精神保证质量，以“三老四严”取信用户。

21. 大庆油田的科技理念是什么？

资源有限，科技无限。

22. 大庆油田的人才理念是什么？

发展的企业为人才的发展提供广阔的平台，发展的人才为企业的发展创造无限的空间。

23. 大庆油田的安全环保理念是什么？

环保优先、安全第一、质量至上、以人为本。

24. 大庆油田员工基本行为规范是什么？

坚持“三老四严”，做到“五条要求”。

25. 天然气分公司社会理念是什么？

天然气让我们生活得更美好。

26. 天然气分公司安全环保理念是什么？

“安全是一切工作的生命线”、“生命至高无上，责任重于泰山”。

27. 天然气分公司科技理念是什么？

用智慧推动科技创新。

28. 天然气分公司人才理念是什么？

人才是企业最宝贵的资源。

二、振兴发展

（一）名词解释

1. 大庆油田四个走在前列： 在规模和提质增效中走在前列、在转型升级和技术创新中走在前列、在深化改革和增强活力中走在前列、在加强党的领导和弘扬石油精神中走在前列。

2. 四个标杆： 科学生产的标杆、科技创新的标杆、国企改革的标杆、弘扬石油精神的标杆。

3. 六个发展： 国内油气业务持续有效发展，海外油气业务加快协同发展，炼化与销售业务优质高效发展，天然气与管道业务积极健康发展，服务业务稳步有序发展，新兴接替业务转型升级发展。

4. 科学生产： 推动油田开发由精细向精准转变，高效挖掘剩余油潜力，努力控制产量递减。加大天然气勘探开发力度，实现天然气产量快速增长。加快“走出去”步伐，充分发挥大庆油田勘探开发技术优势，积极拓展海外油气业务。

5. 科技创新：坚持技术上应用一代、研发一代、储备一代，着力在创新上下功夫，用勘探开发理论技术创新驱动发展，走出一条以技术获取资源、以技术引领市场、以技术创造需求、以技术打造品牌的发展道路。

6. 国企改革：加快推进业务重组、结构调整、管控模式变革，突出市场导向，优化资源整合，提高系统效率，加快分离移交“三供一业”及企业办社会职能，积极培育发展新兴业务，加强管理创新，深化提质增效，提高增收创效水平，逐步把大庆油田建设成“主营业务突出、立足国内、发展海外”的现代企业。

7. 立足国内：坚持资源战略，加大精细勘探、风险勘探力度，突出松辽盆地中浅层和深层、内蒙古海拉尔盆地、塔里木盆地东部油气勘探，加强外围盆地及油（泥）页岩油等非常规能源勘探，努力实现新的战略发现和重大突破，不断提交规模优质储量，夯实油田可持续发展的资源基础。

8. 转型升级：优化业务结构，延伸价值链条，以转移人力资源、成熟技术和提高整体经济效益为目的，积极慎重介入新业务、新领域，不断增强发展的活力与后劲。依靠技术创新打造新的经济增长点，努力由资源型企业向技术创新型企业升级；积极发展现代物流贸易业务；探索“大庆精神+”商业模式。

（二）问答

1. 大庆油田振兴发展的总体目标是什么？具体分为哪三个阶段？

当好标杆旗帜，建设百年油田。固本强基阶段：2017～2019年（油田发现60周年）；转型升级阶段：2020～2030年（油田开发70周年）；持续提升阶段：2031～2060年

（油田开发100周年）。

2. 大庆油田振兴发展的总体思路是什么？

坚持以党的十八大和十八届三中、四中、五中、六中全会精神为指导，以“五大发展理念”为统领，以国家推进能源革命、东北老工业基地振兴、建设世界科技强国为契机，按照集团公司总体部署要求，把“当好标杆旗帜”作为根本遵循，大力推进本土油气业务持续有效发展，海外油气业务规模跨越发展，服务保障业务转型升级发展，新兴接替业务稳步有序发展，不断优化公司的业务结构、经济结构和价值结构，提升企业的竞争力、成长力和生命力，为中国石油建设世界一流综合性国际能源公司持续做出高水平贡献。

3. 大庆油田辉煌历史有哪些？

建成了我国最大的石油生产基地，孕育形成了大庆精神铁人精神，创造了领先世界的陆相油田开发水平，打造了过硬的铁人式职工队伍，促进了区域经济社会的繁荣发展。

4. 大庆油田面临的矛盾挑战有哪些？

后备资源接替不足、开发难度日益增大、基础设施改造滞后、总体效益逐步下滑、老企业矛盾多负担重。

5. 大庆油田面临的优势潜力有哪些？

资源潜力、技术实力、管理基础、海外开发、政治文化。

6. 大庆油田振兴发展重点做好哪“四篇文章”？

本土油气业务、海外油气业务、服务保障业务、新兴接替业务。

7. 党中央对大庆油田的关怀和要求是什么？

习近平总书记指出，大庆就是全国的标杆和旗帜，大庆精神激励着工业战线广大干部群众奋发有为。党中央、

国务院推进实施新一轮东北振兴战略，要求驻东北地区的中央企业要带头深化改革，积极履行社会责任，支持地方振兴发展。

8. 大庆油田的地位和作用是什么？

大庆油田在集团公司总体发展大局中，地位举足轻重、作用无可替代，大庆的原油产量既是集团公司原油产量的基石，也是集团公司发展油气主营业务的关键。大庆油田具备较好的资源、技术、人才和基础设施等条件，发展潜力大，实现大庆油田及其地区的可持续发展，对促进东北老工业基地振兴、维护地区经济社会和谐稳定大局，对破解大庆油田面临的矛盾和挑战，都将起到积极的示范作用，产生重要而深远的影响。

9. 天然气分公司“五个新发展”是什么？

“十三五”及未来一个时期要努力实现可持续发展、有接替发展、有效率发展、有效益发展、有保障发展。

10. 天然气分公司“五个走在前列”是什么？

产量任务、业务支撑、改革创新、经济效益、人才容量走在大庆油田前列。

11. 天然气分公司“十三五”总体发展思路是什么？

以党的十八大和十八届三中、四中、五中全会精神为指导，坚持稳健发展方针，深入贯彻落实《大庆油田“十三五”及可持续发展规划》，突出抓好稳产增效与内部改革，确立发展新目标，构建发展新优势，努力实现五个新发展、五个走在前列，建成科学、高效、健康、幸福的现代企业。

12. 天然气分公司“十三五”时期面临的机遇主要有哪些？

能源革命、国企改革、气量上产、业务发展。

三、职业道德

（一）名词解释

1. 道德：衡量行为正当的观念标准，是调节个人与自我、他人、社会和自然界之间关系的行为规范的总和。不同的对错标准是特定生产能力、生产关系和生活形态下自然形成的。一个社会一般有社会公认的道德规范。只涉及个人、个人之间、家庭等的私人关系的道德，称私德；涉及社会公共部分的道德，称为社会公德。

2. 职业道德：就是同人们的职业活动紧密联系的符合职业特点所要求的道德准则、道德情操与道德品质的总和，它既是对本职人员在职业活动中的行为标准和要求，同时又是职业对社会所负的道德责任与义务。

3. 爱岗敬业：爱岗就是热爱自己的工作岗位，热爱本职工作，敬业就是要用一种恭敬严肃的态度对待自己的工作，敬业可分为两个层次，即功利的层次和道德的层次。爱岗敬业作为最基本的职业道德规范，是对人们工作态度的一种普遍要求。

4. 诚实守信：诚实，即忠诚老实，就是忠于事物的本来面貌，不隐瞒自己的真实思想，不掩饰自己的真实感情，不说谎，不作假，不为不可告人的目的而欺瞒别人。守信，就是讲信用，讲信誉，信守承诺，忠实于自己承担的义务，答应了别人的事一定要去做。忠诚地履行自己承担的义务是每一个现代公民应有的职业品质。对人以诚信，人不欺我；对事以诚信，事无不成。

5. 办事公道：以公正、真理、正直为中心思想办事。

对当事双方公平合理、不偏不倚，不论对谁都是按照一个标准办事。

6. 劳动纪律：是用人单位为形成和维持生产经营秩序，保证劳动合同得以履行，要求全体员工在集体劳动、工作、生活过程中，以及与劳动、工作紧密相关的其他过程中必须共同遵守的规则。

（二）问答

1. 社会主义精神文明建设的根本任务有哪些？

适应社会主义现代化建设的需要，培育有理想、有道德、有文化、有纪律的社会主义公民，提高整个中华民族的思想道德素质和科学文化素质。在社会主义条件下，努力改善全体公民的素质，必将使社会劳动生产率不断提高，使人和人之间在公有制基础上的新型关系不断发展，使整个社会的面貌发生深刻变化。

2. 社会主义道德建设的基本要求是什么？

爱祖国、爱人民、爱劳动、爱科学、爱社会主义，简称五爱。

3. 什么是社会主义核心价值观？

富强、民主、文明、和谐，自由、平等、公正、法治，爱国、敬业、诚信、友善。

4. 职业道德的涵义具体包括哪几个方面？

职业道德是一种职业规范，受社会普遍的认可。职业道德是长期以来自然形成的。职业道德没有确定形式，通常体现为观念、习惯、信念等。职业道德依靠文化、内心信念和习惯，通过员工的自律实现。职业道德大多没有实质的约束力和强制力。职业道德的主要内容是对员工义务的要求。职业道德标准多元化，代表了不同企业可能具有不同的价值观。职业道德承载着企业文化和凝聚力，影响深远。

5. 为什么要遵守职业道德？

职业道德是社会道德体系的重要组成部分，它一方面具有社会道德的一般作用，另一方面它又具有自身的特殊作用，具体表现在：调节职业交往中从业人员内部以及从业人员与服务对象间的关系。有助于维护和提高本行业的信誉。促进本行业的发展。有助于提高全社会的道德水平。

6. 职业道德的基本要求是什么？

忠于职守，乐于奉献；实事求是，不弄虚作假；依法行事，严守秘密；公正透明，服务社会。

7. 爱岗敬业的基本要求是什么？

要乐业。乐业就是从内心里热爱并热心于自己所从事的职业和岗位，把干好工作当做最快乐的事，做到其乐融融。要勤业。勤业是指忠于职守，认真负责，刻苦勤奋，不懈努力。要精业。精业是指对本职工作业务纯熟，精益求精，力求使自己的技能不断提高，使自己的工作成果尽善尽美，不断地有所进步、有所发明、有所创造。

8. 诚实守信的基本要求是什么？

诚信无欺、讲究质量、信守合同。

9. 职业纪律的重要性是什么？

职业纪律影响到企业的形象；职业纪律关系到企业的成败；遵守职业纪律是企业选择员工的重要标准；遵守职业纪律关系到员工个人事业成功与发展。

10. 合作的重要性是什么？

合作是企业生产经营顺利实施的内在要求；是从业人员汲取智慧和力量的重要手段；是打造优秀团队的有效途径。

11. 奉献的重要性是什么？

奉献是企业发展的保障；是从业人员履行职业责任的必由之路；有助于创造良好的工作环境；是从业人员实现职业理想的途径。

12. 奉献的基本要求是什么？

尽职尽责。要明确岗位职责；要培养职责情感；要全力以赴工作。尊重集体。以企业利益为重；正确对待个人利益；要树立职业理想。为人民服务。树立为人民服务地意识；培育为人民服务的荣誉感；提高为人民服务的本领。

13. 企业员工应具备的职业素养？

诚实守信、爱岗敬业、团结互助、文明礼貌、办事公道、勤劳节俭、开拓创新。

14. 培养“四有”职工队伍的主要内容是什么？

有理想、有道德、有文化、有纪律。

15. 如何做到团结互助？

具备强烈的归属感。参与和分享。平等尊重。信任。协同合作。顾全大局。

16. 职业道德行为养成的途径和方法是什么？

在日常生活中培养。从小事做起，严格遵守行为规范；从自我做起，自觉养成良好习惯。在专业学习中训练。增强职业意识，遵守职业规范；重视技能训练，提高职业素养。在社会实践中体验。参加社会实践，培养职业道德；学做结合，知行统一。在自我修养中提高。体验生活，经常进行“内省”；学习榜样，努力做到“慎独”。在职业活动中强化。将职业道德知识内化为信念；将职业道德信念外化为行为。

17. 中国石油天然气集团公司员工职业道德规范的具体内容是什么?

遵守公司经营业务所在地的法律、法规。认真践行公司精神、宗旨及核心经营管理理念。遵守公司章程，诚实守信，忠诚于公司。继承弘扬大庆精神、铁人精神和中国石油优良传统作风。认真履行岗位职责。坚持公平公正。保护公司资产并用于合法目的。禁止参与可能导致与公司有利益冲突的活动。

第二部分 基础知识

一、专业知识

（一）名词解释

1. 电力网：输配电的各种装置和设备、变电站、电力线路或电缆的组合。

2. 电力系统：发电、输电及配电的所有装置和设备的组合。

3. 低压：交流电力系统中 1kV 及其以下的电压等级，直流电力系统中 1.5kV 及其以下的电压等级。

4. 高压：一般指交流电力系统中 1kV 以上或直流电力系统中 1.5kV 以上的电压等级。特定情况下，也指电力系统中的高于 1kV、低于 330kV 的交流电压等级或高于 1.5kV、低于 800kV 的直流电压等级。

5. 一次设备：直接与生产电能和输配电有关的设备称为一次设备。包括各种高压断路器、隔离开关、母线、电力电缆、电压互感器、电流互感器、电抗器、避雷器、消弧线圈、并联电容器及高压熔断器等。

6. 二次设备：对一次设备进行监视、测量、操纵控制和保护的辅助设备。如继电器、信号装置、测量仪表、录波记录装置、遥测遥信装置、控制电缆及小母线等。

7. 设备双重名称： 设备名称和编号的统称。

8. 三权： 受令权、监护权、操作权。

9. 运行状态： 设备单元正常带负荷的工作状态，即该单元一次设备的开关在合位、刀闸也在合位（或小车开关在“运行”位置）的状态，电源端至受电端的电路接通，继电保护自动装置按规定的方式投入，起保护作用的状态。

10. 热备用状态： 设备单元开关在分位、刀闸仍在合位（或小车开关仍在“运行”位置）的状态；继电保护自动装置按调度和规程规定投入运行的状态。

11. 冷备用状态： 设备单元开关在分位、刀闸也在分位（或小车开关拉至“试验”位置）的状态，继电保护自动装置按调度和规程规定投入运行状态。

12. 检修状态： 设备单元开关在分位、刀闸也在分位（或小车开关拉至“检修”位置）、装设接地线或合上接地刀闸、已悬挂标示牌和装设临时遮栏的状态，继电保护自动装置可根据现场具体工作任务性质，决定投入或者停用。

13. 倒闸操作： 将电气设备由一种状态变换到另一种状态，或将电力系统由一种运行方式转变为另一种运行方式所进行的操作。

14. 操作票： 操作前填写操作内容和顺序的规范化票式。

15. 工作票： 准许在电气设备上工作的书面安全要求之一。

16. 运行中的电气设备： 指全部带有电压、一部分带有电压或一经操作即带有电压的电气设备。

17. 事故应急抢修工作： 指电气设备发生故障被迫紧急停止运行，需短时间内恢复抢修和排除故障的工作。

18. 高压验电笔：用来检查高压网络变配电设备、架空线、电缆是否带电的工具。

19. 接地线：用来将电流引入大地的导线。按规定，接地线必须是 $25mm^2$ 以上裸铜软线制成。

20. 标示牌：用来警告人们不得接近设备和带电部分，指示为工作人员准备的工作地点，提醒采取安全措施，以及禁止向某设备或某段线路合闸通电的通告示牌。标示牌可分为警告类、允许类、提示类和禁止类等。

21. 遮栏：为防止工作人员无意碰到带电设备部分而装备的屏护，分临时遮栏和常设遮栏两种。

22. 绝缘拉杆：由工作头、绝缘杆和握柄三部分构成。绝缘拉杆在拉开或合上高压隔离开关、跌落保险，装拆携带式接地线，以及进行测量和试验时使用。

23. 断路器：能关合、承载、开断运行回路正常电流，能在规定时间内关合、承载及开断规定的过载电流（包括短路电流）的开关设备，也称开关。

24. 开断电流：断路器的一个技术数据，指开关在某一电压（线电压）下所能开断而不影响正常工作的最大电流。

25. 隔离开关：在分闸位置时，触头间有符合规定要求的绝缘距离和明显的断开标志；在合闸位置时，能承载正常回路条件下的电流及在规定时间内异常条件（例如短路）下的电流的开关设备，也称刀闸。

26. 负荷开关：能关合、承载和开断在正常回路条件（包括规定的过载操作条件）下的电流，也能在一定时间内承载规定的异常回路条件（例如短路）下的电流的机械开关器件。负荷开关不能开断短路电流。

27. 变压器：一种静止的电气设备，是用来将某一数值的交流电压变成频率相同的另一种或几种数值不同的交流电压的设备。

28. 电流互感器： 是一种将大电流变成小电流的仪器，又称仪用变流器。

29. 电缆： 由芯线（导电部分）、外加绝缘层和保护层三部分组成的电线称为电缆。

30. 母线： 电气母线是汇集和分配电能的通路设备，它决定了配电装置设备的数量，并表明以什么方式来连接发电机、变压器和线路，以及怎样与系统连接来完成输配电任务。

31. 相序： 就是相位的顺序，是交流电的瞬时值从负值向正值变化经过零值的依次顺序。

32. 短路： 直接或通过比较小的电阻、阻抗，意外或有意地对电路中正常情况下处于不同电位下的两点或几点之间进行连接。

33. 断路： 将闭合回路断开，使电流不能导通的现象。

34. 变比： 指电压比或电流比，是变压或变流设备一次绕组与二次绕组之间的电压或电流比值。

35. 相电压： 交流电路的给定点上线（相）导体和中性导体之间的电压。

36. 线电压： 交流电路中的给定点上两线（相）导体间的电压。

37. 阻抗： 在具有电阻、电感和电容的电路里，对电路中的电流所起的阻碍作用叫做阻抗。

38. 相电流： 三相电路中，流过每相电源或每相负载的电流。

39. 线电流： 三相电路中，流过每根端线的电流。

40. 过电压：电力系统在运行中由于雷击、操作故障或电气设备的参数配合不当等原因，能够引起系统中某些部分的电压突然升高，大大超过额定电压，这种现象称为过电压。

41. 安全电流：人体能自由脱离的电流。

42. 电动势：电源中非静电力对电荷做功的能力称为电动势，在数值上等于非静电力把单位正电荷从低电位推到高电位所做的功。

43. 电流：电荷有规则的定向运动，称为电流，用符号“*I*”来表示，单位为A（安培）。

44. 电压：电路中两点间的电位差，称为电压，用符号“*U*”来表示，单位为V（伏特）。

45. 电阻：导体对电流的阻碍作用，称为电阻，用符号“*R*”来表示，单位为Ω（欧姆）。

46. 磁场：在磁体和载流导体的周围，存在着一个磁力能起作用的空间，称为磁场。

47. 感应电动势：在电磁感应现象中产生的电动势。

48. 自感：由于线圈本身的电流变化而在线圈内部产生的电磁感应现象。

49. 互感：一个线圈中电流变化，而在临近的另一个线圈中产生感应电动势的现象称为互感。

50. 三相交流电：由三个频率相同、电动势振幅相等、相位互差120°电角度的交流电路组成的电力系统，称为三相交流电。

51. 三相三线制：接成星形或三角形的三相电源向输电线路引出三根相线的接线方式，称为三相三线制。

52. 三相四线制：接成星形的三相电源向输电线路引出

三根相线及一根中线的接线方式，称为三相四线制。

53. 三相五线制：接成星形的三相电源向输电线路引出三根相线及两根中线，其中一根中线为保护中线（通常称为保护线，用“PE”表示）的接线方式，称为三相五线制。

54. 电动机冷态启动：指电动机在绕组温度接近环境温度时的启动。

55. 电动机热态启动：指电动机在绕组温度接近带负载运行时温度下的启动。

56. 电功率：单位时间内电流所做的功称为电功率。

57. 有功功率：在交流电路中，电源在一个周期内发出瞬时功率的平均值（或负载电阻所消耗的功率），称为有功功率，用符号“P”来表示。

58. 无功功率：把与电源交换能量的功率称为无功功率，数值上等于视在功率与有功功率平方差的算术平方根，用符号“Q”来表示。

59. 视在功率：在具有电阻和电抗的电路中电压与电流乘积称为视在功率，用符号“S”来表示。

60. 无功补偿：无功补偿电源装置的简称，指为满足电力网和负荷端电压水平以及经济运行的要求，必须在电力网内和负荷端设置的无功电源装置，如电容器、调相机。

61. 功率因数：有功功率与视在功率之比值。用 $\cos\varphi$ 表示。

62. 额定电压：是指电气设备长时间、连续运行时所能承受的工作电压。

63. 额定电流：是指电气设备允许长时间通过的工作电流。

64. 额定容量：是指电气设备在厂家铭牌规定的条件

下，以额定电压、电流连续运行时所输送的容量。

65. 空载损耗：当变压器二次绕组开路，一次绕组施加额定频率正弦波形的额定电压时，所消耗的有功功率称为空载损耗。

66. 连接组别：表示变压器一次绕组、二次绕组的连接方式及线电压之间的相位差，以时钟表示法表示。

67. 绝缘电阻：加直流电压于电介质，经过一定时间极化过程结束后，流过电介质的泄漏电流对应的电阻称绝缘电阻。

68. 变压器正常过负荷：不影响变压器正常使用寿命的过负荷。

69. 变压器事故过负荷：在电力系统发生事故时，为了保证对重要用户的连续供电，允许变压器在短时间内过负荷运行，称为事故过负荷。

70. 变压器无载调压：变压器在停止运行时转换分接头挡位而改变电压的一种调压方式。

71. 变压器有载调压：与无载调压相对，是变压器在带负荷运行时能通过转换分接头挡位而改变电压的一种调压方式。

72. 变压器瓦斯保护：变压器内部故障时产生的电弧将绝缘物及变压器油分解后产生的气体，反应这种气流与油流而动作的保护，是变压器内部故障的主保护。

73. PLC：可编程逻辑控制器的英文缩写，它是一种专门为在工业环境下应用而设计的数字运算的电子系统。它采用可编程的存储器，用来在其内部存储执行逻辑运算、顺序控制、定时、计数与算术运算等操作指令，并通过数字式或模拟式的输入和输出控制各种类型的机械或生产过程。

74. 变频器：把电压和频率固定不变的交流电变换为电压和频率可变的交流电的装置。

75. 谐波：频率为基波频率整倍数的一种正弦波。

76. 中性点：在三相绕组的星形连接中，三个绕组末端连接在一起的公共点。

77. 中性点位移：中性点接有消弧线圈的电力系统运行时，或中性点不接地系统发生故障时，系统中性点对地电位出现异常升高的现象。

78. 电气接线图：按照国家有关电气技术标准，使用电气系统图形符号和文字符号来表示电气装置中的各元件及相互联系的工程图。

79. 工作接地：在正常情况下，为了保证电气设备可靠运行，必须将电力系统中某一点接地时，称为工作接地。如某些变压器低压侧的中性点接地即为工作接地。

80. 保护接地：将正常情况下不带电，而在绝缘材料损坏或其他情况下可能带电的导体部分用导线与接地体可靠连接起来的一种保护接线方式。

81. 接地电阻：被接地体与地下零电位之间的所有电阻（包括接地引线电阻、接地器电阻、土壤电阻等）之和。

82. 跨步电压：当电气设备发生接地故障，接地电流通过接地体向大地流散，在地面上形成电位分布时，若有人在接地点周围行走，其两脚之间的电位差就是跨步电压。

83. 负荷率：是指在一定时间内，用电的平均有功功率负荷与最高有功负荷之比的百分数。

84. 差动保护：按循环电流原理构成，比较被保护设备或线路各侧电流数值大小及相位而动作的保护。

85. 过电流保护：反应故障时电流超过预定最大值情况

下，使保护装置动作的一种保护方式。

86. 速断过电流保护：通过提高电流保护的整定值来限制保护的动作范围，从而使靠近电源侧的保护可以不加时限瞬时动作，这种保护称为速断过电流保护，简称速断保护。

87. 自动重合闸：当开关跳开时，不用人工操作而使开关自动重新合闸的装置叫自动重合闸装置。

88. 设备缺陷：运行或处于备用状态的设备、装置，因自身或相关功能不完好而影响正常运行的异常现象。

89. 全所失电：正常运行的变电所因非所内开关跳闸而引起的母线电压消失、负荷全停现象。

90. 全所停电：正常运行的变电所由于所内电源开关跳闸而引起的母线电压消失、负荷全停现象。

91. 开关跳闸：开关在非运行人员操作时，三相同时由合闸位置转为分闸位置。

92. 操作电源：变电所开关控制、继电保护、自动装置和信号设备所使用的电源。

93. 预告信号：反映设备发生故障或出现某种不正常情况的信号。

94. 事故信号：反应开关事故分闸的信号。

95. 防爆电气设备：在规定条件下不会引起周围爆炸性环境点燃的电气设备。

96. 危险区域：爆炸性环境大量出现或预期可能大量出现，以致要求对电气设备的结构、安装和使用采取专门措施的区域。

（二）问答

1. 什么是运用中的电气设备？

运用中的电气设备，是指全部带有电压或一部分带有电压及一经操作即带有电压的电气设备。

2. 在电气设备上工作保证安全的制度措施包含哪些工作程序？

在电气设备上工作应有保证安全的制度措施，可包含工作申请、工作布置、书面安全要求、工作许可、工作监护，以及工作间断、转移和终结等工作程序。

3. 在什么情况下方可安排在电气设备上进行全部停电或部分停电的检修工作？

在电气设备上进行全部停电或部分停电时，应向设备运行维护单位提出停电申请，由调度机构管辖的需事先向调度机构提出停电申请，同意后方可安排检修工作。

4. 在检修工作前应怎样进行工作布置？

在检修工作前应进行工作布置：明确工作地点、工作任务、工作负责人、作业环境、工作方案和书面安全要求，以及工作班成员的任务分工。

5. 作业人员有权知晓作业现场的哪些情况？

作业人员有权知晓其作业现场存在的危险因素和防范措施。

6. 现场负责人在发现直接危及人身安全的紧急情况时应采取什么措施？

在发现直接危及人身安全的紧急情况时，现场负责人有权停止作业并组织人员撤离作业现场。

7. 在电气设备上工作的安全组织措施有哪些？

（1）工作票制度。

（2）工作许可制度。

（3）工作监护制度。

（4）工作间断、转移和终结制度。

8. 准许在电气设备上工作的方式有几种?

除需填用工作票的工作外，其他可采用口头或电话命令方式。

9. 工作票是准许在电气设备上工作的书面安全要求之一，包含哪些内容?

工作票是准许在电气设备上工作的书面安全要求之一，包含以下内容:

（1）编号。

（2）工作地点。

（3）工作内容。

（4）计划工作时间。

（5）工作许可时间。

（6）工作终结时间。

（7）停电范围和安全措施。

（8）工作票签发人。

（9）工作许可人。

（10）工作负责人。

（11）工作班成员等。

10. 什么情况下可填用一张电气第一种工作票?

若以下设备同时停、送电，可填用一张电气第一种工作票:

（1）属于同一电压等级、位于同一平面场所，工作中不会触及带电导体的几个电气连接部分。

（2）一台变压器停电检修，其断路器也配合检修。

（3）全站停电。

11. 什么情况下可填用一张电气第二种工作票?

同一变电站（包括发电厂升压变电站和换流站）内，

在几个电气连接部分上依次进行的同一电压等级、同一类型的不停电工作，可填用一张电气第二种工作票。

12. 什么情况下可填用一张电气带电作业工作票？

在同一变电站（包括发电厂升压变电站和换流站）内依次进行的同一电压等级、同一类型的带电作业，可填用一张电气带电作业工作票。

13. 工作票应由什么单位来签发？什么情况下可实行双签发？

工作票由设备运行维护单位签发或由设备运行维护单位审核合格并批准的其他单位签发。承发包工程中，工作票可实行双方签发形式。

14. 在什么情况下应履行变更手续？

变更工作班成员或工作负责人时，应履行变更手续。

15. 除紧急抢修单外，其他三种工作票的有效时间是如何确定的？

电气第一种工作票、电气第二种工作票和电气带电作业工作票的有效时间是以批准的检修计划工作时间为限，延期应办理手续。

16. 工作票签发人的安全责任是什么？

（1）确认工作必要性和安全性。

（2）确认工作票上所填安全措施正确、完备。

（3）确认所派工作负责人和工作班人员适当、充足。

17. 工作负责人（监护人）的安全责任是什么？

（1）正确、安全地组织工作。

（2）确认工作票所列安全措施正确、完备，符合现场实际条件，必要时予以补充。

（3）工作前向工作班全体成员告知危险点，督促、监

护工作班成员执行现场安全措施和技术措施。

18. 工作许可人的安全责任是什么？

（1）确认工作票所列安全措施正确完备，符合现场条件。

（2）确认工作现场布置的安全措施完善，确认检修设备无突然来电的危险。

（3）对工作票所列的内容有疑问，应向工作票签发人询问清楚，必要时应要求补充。

19. 专责监护人的安全责任是什么？

（1）明确被监护人员和监护范围。

（2）工作前对被监护人员交代安全措施，告知危险点和安全注意事项。

（3）督促被监护人员执行《电力安全工作规程》（发电厂和变电站电气部分）和现场安全措施，及时纠正不安全行为。

20. 工作班成员的安全责任是什么？

（1）熟悉工作内容，工作流程，掌握安全措施，明确工作中的危险点，并履行确认手续。

（2）遵守安全规章制度、技术规程和劳动纪律，执行安全规程和实施现场安全措施。

（3）正确使用安全工器具和劳动防护用品。

21. 工作许可人在完成施工作业现场的安全措施后，还应完成哪些手续？

（1）会同工作负责人到现场再次检查所做的安全措施。

（2）向工作负责人指明带电设备的位置和注意事项。

（3）会同工作负责人在工作票上分别确认、签名。

22. “五防”闭锁装置的“五防”是什么？

（1）防止带负荷拉（合）隔离开关。

（2）防止误分（合）断路器。

（3）防止带电挂接地线。

（4）防止带接地线合隔离开关。

（5）防止误入带电间隔。

23. 工作许可后，安全措施是否可以再变更？

工作许可后，工作负责人、工作许可人任何一方不应擅自变更安全措施。

24. 带电作业是如何履行有关许可手续的？

带电作业工作负责人在带电作业工作开始前，应与设备运行维护单位或值班调度员联系并履行有关许可手续。带电作业结束后应及时汇报。

25. 工作班成员何时方可开始工作？

工作许可后，工作负责人、专责监护人应向工作班成员交代工作内容和现场安全措施。工作班成员履行确认手续后方可开始工作。

26. 工作负责人在什么情况下方可参加工作？

工作负责人、专责监护人应始终在工作现场，对工作班成员进行监护。工作负责人在全部停电时，可参加工作班工作；部分停电时，只要在安全措施可靠，人员集中在一个工作地点，不致误碰有电部分的情况下，方可参加工作。

27. 运行人员在什么情况下方可合闸送电？

（1）工作间断期间：在工作间断期间，若有紧急需要，运行人员可在工作票未交回的情况下合闸送电，但应先通知工作负责人，在得到工作班全体成员已离开工作地点、可送电的答复，并采取必要措施后方可执行。

（2）工作票终结后：只有在同一停电系统的所有工作票都已终结，并得到值班调度员或运行值班员的许可指令

后，方可合闸送电。

28. 什么叫做一个电气连接部分？

一个电气连接部分指的是：配电装置的一个电气单元与其他电气部分之间装有能明显分段的隔离开关，在这些隔离开关之间进行部分停电检修时，只要在各隔离开关处断路器侧或待修侧施以安全措施，就可以保证作业安全。比如高压母线或送电线路，它们与系统各个方向各端都可以用隔离开关明显的间隔开，可以称为一个电气连接部分。

29. 为什么一个工作负责人手中的工作票不能超过一张？

一个工作负责人手中的工作票数量，是指在同一段时间内已经许可开始工作的工作票数量。对其加以限制，就是要保证工作任务的唯一性，以防将两张工作票上的任务、时间、地点等弄错搞混而发生责任事故。并且一个工作负责人手中持有多张已许可的工作票，其安全监护职责难以履行。作为电气值班许可人应该严格执行《电力安全工作规程》中的各项规定，把好安全工作许可关口。

30. 为什么电气第一种工作票应在工作前一日交给值班员？

电气第一种工作票的工作，都是需要停电、布置安全措施的工作。为了让值班人员有时间提前通知用户或有关部门，按规定提前向设备管辖的调度部门申请工作（调度部门以此申请为依据批复工作，并提前制定计划，安排生产，调整负荷和机组的出力等工作），并负责对工作票中安全措施的正确性和现场实际条件进行审查，完善工作现场的各项准备，切实保证工作人员和设备的安全，除临时工作之外，工作负责人应尽可能提前一日将工作票送给值班员。

31. 电气第一种工作票怎样办理延期手续？

电气第一种工作票的有效时间是以批准的检修期为限

的，工作负责人根据工作量对完工时间应有估计。如果工作遇有困难，不能按时完工，工作负责人一般于预定完工时间两小时前向值班负责人申请需要延长的时间，值班负责人按规定向调度部门申请，得到批准后做好记录。如果是主设备检修不能按计划完工，应提前一至两天提出延期申请。因工作延期而造成的影响及损失都是不能忽视的，能否延期，必须根据实际情况经生产主管部门直接批准。至预定时间工作未完，应按照批准，由工作许可人填写延期时间栏。延期按实际时间与批准的工作时间衔接起来填写，最后由工作负责人和工作许可人分别签名。

32. 工作中若需变更工作班人员和扩大工作任务时应怎么办？

工作班成员变更，需经工作负责人同意，以便于考虑是否需要对工作安全、人员安排进行调整。变更工作负责人必须通过该工作票签发人，由他对新的工作负责人是否称职进行权衡，在工作票相应栏目负责签名，两工作负责人应做好必要的交接。而要扩大工作任务时，因为工作票是工作的书面依据，现有安全措施有无保证，新增任务对运行有无影响，必须取得现场工作许可人的认同，在工作票上填入增加的项目。这样做也有利于值班人员就该项目的验收做好准备。

33. 在工作票的执行中，若需变更或增设安全措施时应怎么办？

安全措施是工作票中的核心内容，也是工作安全的根本设施。对应于一张工作票，安全措施为工作内容服务，是通过三级组织管理审查完备后设置的。对工作票严格把关，实质上就是对工作人员的安全环境和实施安全措施把关。因

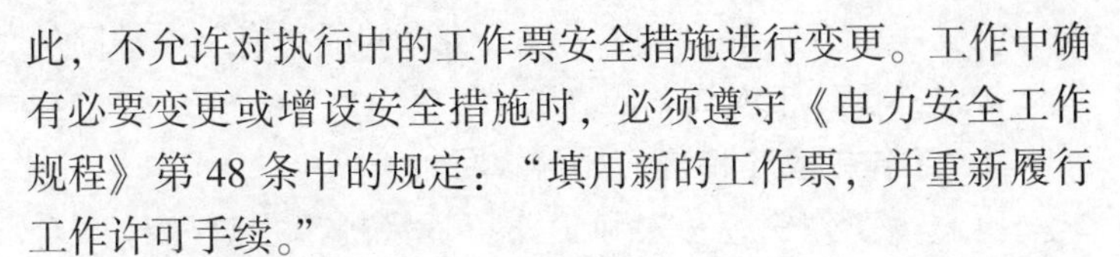

此，不允许对执行中的工作票安全措施进行变更。工作中确有必要变更或增设安全措施时，必须遵守《电力安全工作规程》第 48 条中的规定：“填用新的工作票，并重新履行工作许可手续。”

34. 工作票中的工作票签发人、工作许可人、工作负责人能否互相兼任？

工作票签发人、工作负责人和工作许可人是保证工作安全、互相制约、互相审核，独立的三重职能，也是组织措施的基本部分。所以，对同一项工作来说，三者不能兼任，而必须分别负起责任。工作票签发人可以担任其他项任务工作票的工作负责人。工作负责人可以填写工作票。

35. 担任工作票签发人应具备哪些条件？

工作票签发人是电力安全生产中很重要的职能负责人。担任工作票签发人，不仅要熟悉设备和生产运行情况，熟悉专业班组人员的状况、技术水平，还要熟悉国标安全规程和现场运行管理规程，能正确把握工作的必要性。工作票签发人是否合格，应由企业主管生产的领导批准，生产部门按专业门类书面行文公布。这既是对工作人员的安全负责，也是对工作票签发人本人负责。

36. 哪些操作可不用操作票？

(1) 事故处理。

(2) 拉合断路器的单一操作。

(3) 拉开接地刀闸或拆除全厂（所）仅有的一组接地线。

上述操作应作记录。

37. 工作地点保留带电部分应如何填写？

(1) 由工作许可人填写。

(2) 应写明停电检修设备的前、后、左、右、上、下相邻的第一个有误触、误登、误入带电间隔，有触电危险的具体带电部位和带电设备的名称。

38. 工作票安全措施应如何填写?

(1) 由工作票签发人和工作负责人提出保证工作安全的安全措施，由工作票签发人填写。

(2) 对与带电设备保持安全距离的设备，必须注明具体要求。

(3) 对有触电危险、施工复杂易发生事故的工作，应提出增设专人监护和其他安全措施。

39. 填写工作票如有个别错字和漏字应怎么办?

(1) 如有个别错字、漏字需要修改补填时，必须保持字迹清晰。

(2) 在错字上用一横线“-”划掉，并在旁边写上正确的字。

(3) 漏字用“V”符号填写（签名不允许修改)。

(4) 工作票签发人、工作负责人和工作许可人等分别在各自修改处盖章。

40. 第二种工作票“注意事项”栏应怎样填写?

(1) 本栏目由工作票签发人填写。

(2) 可按工作任务、项目提出规程中的重点规定或专人监护。

例：电动机检修时要填“拉开××低压配电室热水循环泵××电动机开关，并将抽屉拉出，在开关操作把手上悬挂‘禁止合闸，有人工作’标示牌一块”等。

41. 修改后的工作票在什么情况下不合格?

(1) 第一种工作票一张修改超过4个字，第二种工作票修改超过2个字（一组数字定义为一个字)。

（2）修改处字迹潦草，任意涂改及刀刮贴补者。

42. 事故抢修可不用工作票，但应遵守哪些规定？

（1）将事故抢修填入操作记录簿内。

（2）在开始工作前必须按《电力安全工作规程》的技术措施规定做好安全措施，并应指定专人负责监护。

43. 工作负责人和工作许可人是否可以根据工作需要变更安全措施？

（1）工作负责人、工作许可人任何一方不得擅自变更安全措施。

（2）值班人员不得变更有关检修设备的运行接线方式。

44. 在电气设备上工作保证安全的技术措施有哪些？

（1）停电。

（2）验电。

（3）装设接地线。

（4）悬挂标示牌和装设遮栏（围栏）等保证安全的技术措施。

45. 怎样确定停电设备已断开？

停电设备的各端应有明显的断开点，或应有能反应设备运行状态的电气和机械等指示，不应在只经断路器断开电源的设备上工作。

46. 除断开断路器、隔离开关等开关器件外，还应断开哪些设备？

应断开停电设备各侧断路器、隔离开关的控制电源和合闸能源，闭锁隔离开关的操作机构。

47. 停电时，高压开关柜的手车开关应拉至什么位置？

停电时，高压开关柜的手车开关应拉至“试验”或“检修”位置。

48. 什么是直接验电法？怎样验电？验电时应注意什么问题？

（1）直接验电时应使用相应等级的验电器在设备的接地处逐相验电。

（2）验电前，验电器应先在有电设备上确证验电器良好。

（3）验电时应戴绝缘手套，人体与被验电设备的距离应符合安全距离要求。

49. 什么情况下可采用间接验电？

（1）在恶劣气象条件时，对户外设备及其他无法直接验电的设备，可间接验电。

（2）330KV 及以上的电气设备可采用间接验电方法进行验电。

50. 设备经验明确无电压后应立即开展什么工作？

（1）当验明设备确无电压后，应立即将检修设备接地（装设接地线或合接地刀闸）并三相短路。

（2）电缆及电容器接地前应逐相充分放电，星形接地电容器的中性点应接地。

（3）可能送电至停电设备的各侧都应接地。

51. 装设接地线的顺序是怎样的？应注意哪些事项？

装设接地线时应先装接地端，后装接导体端。拆除接地线的顺序与此相反。接地线应接触良好，连接可靠。

52. 为什么对已停电设备还要验电？

验电是工作或安全操作时所做的技术措施中十分重要的和必须进行的步骤。按规定实施正确验电，可以有效地防止在带电设备上挂地线或合接地隔离开关而产生的恶性事故和其他触电事故。

53. 怎样确定验电地点？

什么地方装设接地线就在什么地方验电。注意：有几相，就分验几相；有几侧可能的电源，就在几侧相应的地点分别验电。验电前，应先检查接地线，做好展放准备，以便于验明确无电压后迅速装设接地线。

54. 简述停电拉闸操作和送电合闸操作的操作顺序。

停电拉闸操作必须按照断路器—负荷侧隔离开关—母线侧隔离开关的顺序依次操作；送电合闸操作应按与上述相反的顺序进行，即送电合闸操作必须按照母线侧隔离开关—负荷侧隔离开关—断路器的顺序依次操作。

55. 在运用中的高压电气设备上工作可以分为哪三类？

（1）全部停电的工作，是指高压设备全部停电，通至邻接高压室的门全部闭锁，以及室外高压设备全部停电（包括架空线路与电缆引入线在内）。

（2）部分停电的工作，是指高压设备部分停电，或室内虽全部停电，而通至邻接高压室的门并未全部闭锁。

（3）不停电工作，是指工作本身不需要停电和没有偶然触及导电部分的危险者。还有一种情形是许可在带电设备外壳上或导电部分进行的工作（带电作业）。

56. 高压设备上工作的安全措施可以分为几类？

由于在运用中的高压设备上工作分为三类，因此高压设备上工作的安全措施也分为三类：全部停电的工作安全措施，部分停电的工作安全措施和不停电的工作安全措施。

57. 在高压设备上工作，必须遵守哪些规定？

（1）填用工作票或口头、电话命令。

（2）至少应有两人在一起工作。

（3）完成保证工作人员安全的组织措施和技术措施。

58. 为什么检查负荷分配也应填入操作票内?

检查负荷分配是一个相对重要的操作票项目，一般均在操作始末实施。操作之前慎重检查，可以对所带负荷做出正确估计，对解并列电源再次加以审度、安全把关。操作后的检查，负荷分配已平衡或线路已带负荷，是对整个操作目的的概括性验证，以避免回路中有接触不良或未接通等问题出现。

59. 为什么操作票中应填写设备双重名称?

操作票填写设备名称和编号的作用有两个：一是使操作票简洁、明了，避免某些语句在书写和复诵上过于冗繁；二是通过使用双重名称，可以避免发令和受令时在听觉上出错，特别对同一变电站内同音或近音的设备尤其必要。应该注意的是，发电厂和变电站内的设备，编号要能明显地区分开来，不得重复编号。

60. 什么叫做一个操作任务?

一个操作任务可以理解为：调度员下达的同一个操作命令中，将某一种电气运行方式改变到另一种方式，将某一台电气设备由一种状态改变为另一种状态，或者将同一母线上的电气设备一次性倒换至另一母线上，这种属于同一个操作目的而依次进行的一系列相互关联的操作。

61. 电气操作有哪几种方式?

电气操作有就地操作、遥控操作和程序操作 3 种方式。

62. 电气操作有哪几种分类?

电气操作分为监护操作、单人操作和程序操作三类：

(1) 监护操作，是指有人监护的操作。

(2) 单人操作，是指一个人进行的操作。

(3) 程序操作，是指应用可编程计算机进行的自动化

操作。

63. 电气设备巡视应注意哪些事项？

（1）巡视高压设备时，不宜进行其他工作。

（2）雷雨天气巡视室外高压设备时，应穿绝缘靴，不应使用伞具，不应靠近避雷器和避雷针。

64. 倒闸操作票应填写动项有哪些？

（1）应拉、合的开关和刀闸。

（2）应装、拆的接地线或拉、合的接地刀闸。

（3）应拉、合的操作直流保险（操作直流开关）、合闸动力保险（合闸动力插件）和电压互感器二次保险（二次空气开关）。

（4）应投、停的保护压板。

（5）应验电确无电压。

（6）应拉、合的电压互感器、所用变压器的一次保险。

（7）应装、拆的绝缘隔板。

65. 倒闸操作票应填写的检查项目有哪些？

（1）在操作地点能明显见到刀闸拉、合位置可以不在倒闸操作票中单独立检查项。户内刀闸操作必须在倒闸操作票中单独立检查项。

（2）拉、合刀闸前应检查开关在开位。

（3）由热备用转运行的开关操作，应检查甲乙刀闸在合位。

（4）小车开关或小车插头由检修位置或试验位置转运行位置后应检查上、下动触头是否到位。

（5）拆除接地线及拉开接地刀闸在倒闸操作票中不设检查项。在送电的倒闸操作票中的第 1 项设置“检查××送电范围内××号共×组接地线（或×组接地刀闸）确已拆除

(或确已拉开)，若倒闸操作票中只有一项“拆除××接地线或拉开××接地刀闸”，则须单独立检查项。

(6) 双回线供电的线路停、送电的表计指示检查，必须是双回线分别立项，对比检查。

(7) 检查项目可只写开关编号或回路名称。

(8) 主变压器解列前，并列后应对比立项检查表计指示。

(9) 双回线控制盘上的电压转换开关、微机保护的电压转换开关送电前检查投运位置。此检查项目可不进倒闸操作票内。

66. 操作时的业务联系有哪些?

(1) 变电所运行人员与油田网调、区调应按《调度规程》联系制度进行操作联系。

(2) 在进行操作联系时双方应先互报单位、姓名、任务、时间。联系时必须使用调度术语、双重名称、不得含混、不得掺杂与本次操作联系无关的工作。

(3) 操作联系应一人负责，严禁中途换人。预令的联系交班人必须对下一班有权受令人交代清楚，联系要认真记录，并复诵核对无误。

(4) 任何操作联系必须使用录音。

(5) 系统令的操作执行到“待令项”时应向调度汇报，待得到调度命令时才允许继续操作，操作前应在倒闸操作票的“待令项”右侧写明发令调度姓名、时间。

(6) 变电所值班员接到调度下达的操作任务，不等于调度员下达了操作令。只有接到调度员的操作命令时，该倒闸操作票才允许执行，发布操作令号时间即为该倒闸操作票的发令时间。

(7) 填写好的倒闸操作票不再向调度逐项复诵。

67. 倒闸操作票执行时有哪些规定？

（1）倒闸时必须按倒闸操作票的项目逐项严格认真执行，不得跳项、漏项、添项、并项，不得擅自更改操作顺序及项目。

（2）操作时应持写好的倒闸操作票操作，严禁离开倒闸操作票凭记忆操作，并应做到逐项勾画。

（3）在特殊情况下，需要跳项操作时，必须等发令调度员的命令、值班长确认没有误操作的可能，方可进行操作。跳项、不执行项操作，应在备注栏内注明原因。

（4）在倒闸操作时严禁穿插口头令的操作。

（5）在正常倒闸操作中，发生事故或异常后与调度联系是否继续操作。停顿时间应在备注栏内注明。

（6）操作过程中如有调度电话，应先听电话，再进行操作。

（7）在操作过程中操作人和监护人的关系是被领导和领导的关系，操作人必须听从监护人的指挥。如监护人有错误、操作人有权拒绝操作，并立即向所领导汇报。

（8）操作中，任何一个人对操作的准确性发生疑问时，应立即停止操作，但不准擅自更改操作票，应立即向调度汇报，直至确认无误后，方可继续操作。

（9）在操作过程中，监护人要自始至终认真监护，没有监护人的命令，操作人不得擅自操作和做其他工作。

（10）变电站运行人员对当值调度操作令应坚决执行，不得无故拖延、拒绝，但对明显威胁设备及人身安全的命令，应拒绝执行，并向调度申述理由，汇报双方领导。

（11）倒闸操作票的执行程序。

①倒闸操作票完成审核、复诵程序以后，允许操作的标

志是调度发布该操作任务的令号。

②模拟预演：操作人、监护人先在主接线模拟图、继电保护模拟图上预演。预演时用蓝笔逐项打“√”。要严格按照票面顺序，逐项唱票，逐项操作或装设模拟地线。预演确认无误后，操作人、监护人分别在票面栏内签字，以示对操作承担责任。

③准备工作：由操作人准备好必要的合格的操作工具、安全护具、接地线、隔板及标示牌，记录开始操作的时间。

④站正位置：操作人按操作项目，有顺序地走到应操作的设备前立正，等候监护人唱票。

⑤核对设备：监护人严格执行“四对照”原则，即对照设备名称、编号、位置和拉合方向，检查是否完全符合操作项目。

⑥高声唱票：监护人高声、清晰唱读应操作一个项目的全部内容。

⑦高声复诵：操作人应手指被操作的设备，高声复诵一遍操作项目内容。

⑧允许操作：监护人认为一切无误后，发布“对，执行”的命令。

⑨执行操作：操作人只有听到：“对，执行”的命令后，方可执行操作（包括打开程序锁）。

⑩检查设备：每一项操作结束后，操作人和监护人应一同检查被操作设备的状态，应与操作项目的要求相符，并处于良好状态。部分操作项目还应该查表计或信号指示等。

⑪逐项勾画：每一个操作项目执行完毕后，监护人应先用红铅笔将该项目序号打“√”勾销，然后在进行下一项目操作，依次类推，严禁所有项目操作结束后一起打“√”

或操作前打“√”。

⑫独立检查项的执行：应是监护人唱读检查内容，操作人重复监护人唱读内容，并与监护人共同检查，无误后，操作人高声回答“对”。

⑬合开关的时间应记在该项的右侧。

⑭记录时间：一张倒闸操作票执行完毕后，监护人应记录操作结束时间，时间一律用 24 小时两位数制填写，如“18 时 05 分”。

⑮按规定在倒闸操作票上签名盖章，记录时间。同时该倒闸操作票对应的综合令票、系统令票、安措令票也应执行以上的规定要求。

⑯汇报调度：签字盖章后，应立即向发令调度报告操作执行情况及该操作任务结束时间，并印“已执行”章。

68. 倒闸操作票标准术语有哪些？

(1) 多油、少油、真空、小车、六氟化硫开关统称开关。

(2) 开关、刀闸、接地刀闸，以及操作直流保险（操作直流开关）、合闸动力保险（直流动力插件）、电压互感器一/二次保险（二次空气开关）的操作统一用“拉开”或“合上”。小车开关用“推至”“拉至”××位置。位置分为“运行位”“试验位”“检修位”。

(3) 操作直流称“操作直流保险（操作直流开关）”、动力保险称“动力保险或动力开关”（小车开关用“直流动力插件”）。

(4) 检查开关、刀闸位置用“在合位”“在开位”。

(5) 地线用“拆除”“装设”。

(6) 检查负荷分配称：“检查××表计指示正确”。

（7）6kV（10kV）所用变压器、站用变压器等负荷开关称“负荷开关”。

（8）验电用“三相验电确无电压”。

（9）继电保护回路压板的操作用“投入”“停用”。

（10）小车开关的远方电动操作用“拉开”“合上”；检查小车开关及插头的触头的操作效果用“检查××上（下）触头到位”。

（11）倒闸操作票关于分项的规定：

①一台开关、一副刀闸、一组接地线、一组保险、一个转换开关、一块压板的操作各立为一项。

②合拉刀闸前必须检查开关在开位，户内刀闸操作，都必须单独立项检查。

③“三相验电确无电压”要单独立为一项。

④其他未做明确规定的，包括“待令”项，均应单独立一项。

⑤调度命令悬挂或摘除的“禁止合闸、线路有人工作”标志牌，写在倒闸操作票的备注栏内，不在操作票内单独立为一项。综合令票此标示牌按调度命令写在分项内容中。

69. 倒闸操作中应重点防止哪些误操作事故？

（1）误拉、误合断路器或隔离开关。

（2）带负荷拉合隔离开关。

（3）带电挂地线（或带电合接地刀闸）。

（4）带地线合闸。

（5）非同期并列。

（6）误投退继电保护和电网自动装置。

除以上6点外，防止操作人员误入带电间隔、误登带电架构，避免人身触电，也是倒闸操作须注意的重点。

70. 什么叫正弦交流电？为什么目前普遍采用正弦交流电？

正弦交流电是指电路中电流、电压及电动势的大小和方向都随时间按正弦函数规律变化。这种随时间做周期性变化的电流称交流电流，简称交流电。因为交流电可以通过变压器变换电压，在远距离输电时，通过升高电压以减少线路损耗。获得最佳经济效果。而当使用时，又可以通过降压变压器把高压变为低压。这既有利于安全，又能降低对设备的绝缘要求。另外交流电动机与直流电动机比较，具有构造简单，造价低廉、维护简便等优点，所以交流电获得广泛应用。

71. 右手定则和左手定则各判断什么现象？具体如何判断？

右手定则可用于判断通电导体周围产生的磁场方向以及感应电动势（感应电流）方向，左手定则用于判断通电导线在磁场中受力的方向。

右手螺旋定则（安培定则）的判断方法是：

（1）通电直导线磁场方向的判断方法。用右手握住导线，大拇指向电流的方向，则其余四指的方向就是磁场的方向。

（2）线圈磁场方向的判断方法。将右手的大拇指伸直，其余四指沿着电流方向围绕线圈，则大拇指的方向就是线圈产生的磁场的方向。

右手定则（发电动机定则）判断方法是：

伸开右手让拇指跟其余四指垂直，并且和手掌在一个平面内，让磁感线垂直从手心进入，拇指指向导体运动的方向，其余四指指的就是感应电动势（感应电流）的方向。

左手定则（电动机定则）判断方法是：

伸出左手使掌心迎着磁力线，即磁力线垂直穿过掌心，伸直的四指与导线中的电流方向一致，则与四指成直角的大拇指所指的方向就是导线受力的方向。

72. 半导体导电的特点是什么？

（1）杂质对半导体的导电能力有显著影响。

（2）对温度反应灵敏。温度升高时，半导体的导电能力有明显增加。

（3）光照影响导电能力。某些半导体器件（如自动控制中的光电二极管、光电三极管和光敏电阻）在有光照时导电能力增大几十到几百倍。

73. 整流电路中的滤波电容为什么能起滤波作用？

接上电容后，输出电压升高时对电容充电，下降时，则电容对负载放电，这样在负载上就得到比较平稳的直流电，而且平均输出电压有所增高。

74. 可控硅的基本结构和工作特点是什么？

可控硅内部由4层半导体交叠而成，有3个PN结，外部引出3个电极，分别称为阳极、阴极和控制极（又称门极），分别用A、K、G表示。为了散热，大功率可控硅还附有金属制的散热器，更大功率的可控硅则采用水冷。要使可控硅导通，必须在A极、K极间加上正向电压，同时加以适当的正向控制极电压（称触发电压）。一旦导通后，要使可控硅关断，必须采取降低阳极电压、反接或断开电路等措施，使正向电流小于最小维持电流。

75. 验电笔只有一端碰到带电体，为何能发光？

验电笔内部的发光部分是一只有两个极的灯泡，泡内充有氖气，一极接到笔尖，一极串联一只高电阻后接到笔的另一端，当灯泡的两极间的电压达到某一值时，两极间便发生辉光，辉光的强弱与两极间的电压成正比，当带电体对地的

电压大于灯泡的起始辉光电压，而将笔的一端碰到它时，则另一端经过人体接地，所以能发光了。电阻的作用，是限制流过人体的电流以免受到电击发生危险。

76. 载流母线为什么会产生振动和发响？

发电厂和变电所的硬母线在运行中的振动和发响，大多产生在同相两片（或多片）母线之中。因为在同相的各条母线中，流过电流的大小和方向是相同的，当有电流流过时，围绕着每条母线将产生磁场。由于磁场和母线中的电流相互作用，使两母线受互相吸引的力。又因为流过母线的电流是50Hz的交流电，当电流在每半波中从零变化到最大值后又降到零，母线间隙中间的吸力也由零变至最大值后又降至零。如果母线间隙中间的垫板和卡子卡得很牢固，则虽然母线受力，也不会振动。但往往在运行中母线卡子松弛，或者母线卡子距离太大（一般每隔800~1000mm有一个卡子），则母线在电磁力作用下，就会产生每秒100次的振动，伴随着发出尖锐的响声。母线长期振动不仅发出不悦耳的噪声，而且久而久之可能使母线金属疲劳而碎裂，从而造成事故。所以，应从速消除这种现象。

77. 绝缘电阻为什么会随温度的升高而降低？

温度升高时，绝缘体内部分子运动加剧，分子内的电子就容易因分子间互相碰撞而跑出来，增加了绝缘体内的导电性能。同时绝缘体内的水分当温度升高时就开始膨胀而伸长，成为细线状分布在两极之间，由于水上含有导电的杂质，因而就增加了绝缘体内的导电性能。水中含有的杂质和绝缘物内含有的碱性、酸性杂质被水分解后也增加了导电性能，因而在温度上升时绝缘电阻就降低。

78. 空气水分增加，击穿电压提高，为什么固体介质吸湿后击穿电压却下降了？

空气间隙中，湿度增加，空气中水分子容易吸引电子形成负离子，由于其自由行程缩短，使击穿电压提高。

固体绝缘介质受潮后，水分被吸收到固体介质内部或表面，它能溶解离子杂质或使强极性物质电离，且水本身在其他杂质影响下电离作用加强，因而使固体介质电离和介质损耗增加，造成击穿电压下降。对于易受潮的纤维材料影响特别大，吸潮后击穿电压最低时可能仅为干燥时的百分之几，故在运行中应注意防潮。

79. 高压绝缘材料中如夹有气泡，运行中易使整个绝缘材料损坏，为什么？

高压绝缘材料中，如存在气泡，就构成夹层介质。其电场强度按介电系数成反比分布。因气泡的介电系数小，电场强度大，气泡先游离，使整个绝缘强度降低，从而损坏整个高压绝缘材料的性能。

80. 尖端放电的工作原理是什么？

把导体放在电场中，由于静电感应的结果，在导体中会出现感应电荷。电荷在导体表面的分布情况，决定于导体表面的形状。导体表面弯曲（凸出面）越大的地方，所聚集的电荷就越多，比较平坦的地方电荷聚集的就少。在导体尖端的地方，由于电荷密集，电场很强，可使空气分子发生电离而形成大量的自由电子和离子，在一定的条件下可导致空气击穿，而发生“尖端放电”现象。

81. 什么是中性点位移现象？中性点的作用是什么？

三相电路中，在电源电压对称的情况下，中性点电压等于零。如果三相负载不对称，而且没有中线或者阻抗较大，

则中性点 O 和负载中性点 O' 间的电压 U 不为零。这种现象叫中性点位移。星形接线的系统中接入中线可消除由于三相负载不对称而引起的中性点位移。

82. 什么叫做三相电源和负载星形连接？

星形连接也称 Y 接法。将三相绕组的末端连接在一起，从始端分别引出导线，这就是星形接法。通常三相绕组的始端用 A、B、C 表示，末端用字母 X、Y、Z 表示。绕组始端的引出线称为火线。三相绕组末端连接在一起的公共点"O"称为中性点。从中性点引出的一根导线称做零线。

如果中性点接地，则零线也称做地线。

在星形连接中，线电压是相电压的$\sqrt{3}$倍，线电流与相电流相等。

83. 什么叫电击穿？

由于电压升高或设备本体绝缘受损，导致绝缘失效，这种现象称为电击穿。

84. 什么是电容器？为什么电容器能隔直流？

任何两块金属导体中间用绝缘介质隔开就构成了电容器。

电容器在接通直流电源时，电路中有极短的时间的充电电流，常称暂态电流。当电容器的电场力与电源力平衡时，电荷就不移动，充电过程结束了，电路中则不再有电流流过，电路呈开路状态，所以说电容器能隔直流。

85. 为什么交流能通过电容器？

电容器接在交流电源方式中有电流通过。因为交流电源电压的大小和方向不断地周期性改变，不断地使电容器充电和放电，因而电路中始终有电流通过。

86. 衔铁为什么能吸铁而不能吸铜、铝等金属？

在铁中有许多具有两个异号磁极的原磁体（称分子磁体），在无外磁铁作用时，这些原磁铁排列紊乱，它们的磁性相互抵消，对外不显示磁性。当把铁靠近磁铁时，这些原磁性在磁铁的作用下，将整齐地排列起来，使磁铁的一端具有与磁铁相反的磁性而相互吸引。这说明铁中由于原磁铁的存在能够被磁铁磁化，而铜、铝金属是没有原磁体结构的，所以不能被磁化，当然也不能被磁铁吸引。

87. 什么叫电磁感应？怎样确定感应电动势方向？怎样判断？

由变化的磁场在导体中产生电动势的现象称电磁感应。感应电动势的方向用右手定则判断。伸开右手手掌，使拇指与其他四指垂直，让磁力线垂直穿过手心，使拇指指向导体运动方向，那么四指指的方向就是感应电动势的方向。由于发电动机就是根据这个原理制成的，所以右手定则也叫发电动机右手定则。

88. 为什么要在输电线路中串联电容器？

在输电线路中有电阻和电感，线路输送功率时不仅有功功率损耗，还会产生电压降。在长距离大容量送电线路上，感抗会产生很大的压降。但在线路中串联电容后，一部分感抗被容抗抵消，就可以减少线路的电压降，提高电压质量。

89. 信号指示有哪些种类？哪些形式？

信号指示种类分为：指挥信号、工作信号、预告信号、事故报警信号等。从形式上可分为：有光指示（如指示灯）、声指示（如音响器）、表指示（如电压表、电流表）。

90. 电能表是怎样测量和计算电能的？

在电能表接入线路后，交变的电源电压便加在电压线圈

的两端，这时电压线圈和电流线圈所产生的交变磁场穿过铝制转盘，在转盘上感应产生涡流，涡流和交变磁场相互作用使产生转动力矩，驱使转盘转动。作用在转盘上的平均力矩与负载的有功功率成正比。如果转盘只受到这一转动力矩的作用，它将作加速运动，越转越快。但是，转动的转盘同时又切割制动磁铁产生的磁力线，在铝制转盘上感应出涡流。这一对涡流和磁场相互作用，产生与转盘转动方向相反的制动力矩，制动力矩同转盘转速成正比。当转动力矩和制动力矩平衡时，转盘便一稳定的转速旋转，其速度与负载消耗的功率成正比。因此，在某一时间间隔内，转盘的转数就代表了在这段时间内负载消耗的电能。

在电能表中，用计算机构把转盘的转数转换成度数（千瓦时）并由计数器显示出来，这种转换的变比的倒数，叫做电能表的常数。它代表电能表每测量 1 度（千瓦时）电，转盘所转的转数，这是电能表的一个基本参数，常标在表盘上。

91. 电能表计量装置在送电前后应做好哪些工作?

电能计量的正确性对供电部分正确合理的计收电费，对用电单位的成本核算和做好计划用电、节约用电都有重要意义。要保证电能计量的正确性，就应做好下列几项工作：

（1）电能表和互感器的误差不超出规程要求。

（2）电压、电流互感器的极性、组别、变比和电能表的倍率应正确。

（3）根据电路和负载情况选择合适的电能表和接线方式。在一般情况下，三相三线接线方式和三相四线的接线方式不能互相换用。

（4）电压、电流互感器二次回路的负载不能超出额定值。

（5）电能表互感器的接线必须是正确的。

92. 对电能表的安装有哪些要求？

电能表是计算用电量大小的重要手段，是计量收费的依据，电表的安装质量直接影响计量的准确性。因此安装电能表时，应注意以下几点：

（1）电能表安装处的环境温度一般应在 0~40℃之间，距热力系统的距离不得小于 0.5m。

（2）电能表应安装在不易受震动的墙上或开关板上，距地面应在 0.7~2.0m 之间。

（3）装设电能表的地方应清洁、干燥，附近应无强磁场存在，并尽量设在明显的地方，以便于读数和监视。

（4）在容易受机械损伤、脏污以及碰触的地方，电能表应装在箱内。

（5）电能表应垂直安装，允许偏差不得超过 2°，同时不允许有冲击。

（6）电能表通常单独使用一套电流互感器，或一组电流互感器的副线圈，其二次回路应与继电保护的二次回路分开。

93. 国产电能表的型号字母含义是什么？

国产电能表型号字母含义如下：

D——在第一位是表示电能表，在第二位是表示单相；

S——三相（以前也用 T 表示的）；

Z——最大需量表；

T——三相四线；

X——虚能（即无功表）；

J——直流的；

B——标准表。

字母后数字表示产品设计定型号。

例：DD1 表示电能表是单相 1 型；

DS1 表示电能表是三相有功 1 型；

DX2 表示电能表是三相无功 2 型。

94. 为什么电网电压要选用不同的等级？

选用电压等级除考虑用户安全用电的低压电网外，输配电电网输送同量功率时，电压越高，电流越小，导线等载流部分的截面积可以用得越小，投资可相应减少。但对绝缘的要求则是电压越高，线路杆塔、变压器、断路器等投资也越大。因此对一定的输送功率和输送距离应有一个最合理的线路电压。同时，电网电压的选用还必须综合电网负荷的近期、远景规划和当时的技术水平全面考虑才能恰当地选定。电压等级选得过高，则线路长期负荷带不足而浪费投资。选得过低，则不久又需换用更高一级的电压，也不经济。

95. 系统发生振荡时有哪些现象？

（1）变电站内的电流、电压表和功率表的指针呈周期性摆动，如有联络线，表计的摆动最明显。

（2）距系统振荡中心越近，电压摆动越大，照明灯忽明忽暗，非常明显。

96. 发生分频谐振过电压有何危险？

分频谐振对系统来说危害性相当大，在分频谐振电压和工频电压的作用下，PT 铁芯磁密迅速饱和，激磁电流迅速增大，将使 PT 绕组严重过热而损坏（同一系统中所有 PT 均受到威胁），甚至引起母线故障造成大面积停电。

97. 电力系统中的无功电源有几种？

电力系统中的无功电源有：（1）同步发电动机。（2）调相机。（3）并联补偿电容器。（4）串联补偿电容器。（5）静止补偿器。

98. 什么叫是高峰负荷？什么是低谷负荷？什么是平均负荷？

高峰负荷：又称最大负荷，是指电网或用户在一天时间内所发生的最大负荷值。

低谷负荷：又称最小负荷，是指电网中或某用户在一天24h内发生的用量最少的一点的小时平均电量，为了合理用电应尽量减少发生低谷负荷的时间，对于电力系统来说，峰谷负荷差越小用电则越趋近于合理。

平均负荷：是指电网中或某用户在某一段确定时间阶段的平均小时用电量。

99. 根据突然中断供电所引起的损失程度用电负荷可以分几类？

可分为以下三类：

一级负荷：符合下列情况之一时，应视为一级负荷：中断供电将造成人身伤亡时；中断供电将在经济上造成重大损失时；中断供电将影响重要用电单位的正常工作。

二级负荷：符合下列情况之一时，应视为二级负荷：中断供电将在经济上造成较大损失时；中断供电将影响较重要用电单位的正常工作。

三级负荷：不属于一级、二级负荷者应为三级负荷。

100. 改善电压偏差的主要措施有哪些？

（1）正确选择变压器的变压比和电压分接头。

（2）合理减少线路阻抗。

（3）提高自然功率因数，合理进行无功补偿，并按电压与负荷变化自动投切无功补偿设备容量。

（4）根据电力系统潮流分布，及时调整运行方式。

（5）采用有载调压手段，如采用有载调压变压器。

101. 何谓同期并列，并列的条件有哪些？

当满足下列条件或偏差不大时，合上电源间开关的并列方法为同期并列。

（1）并列开关两侧的电压相等，最大允许相差15%以内。

（2）并列开关两侧电源的频率相同，一般规定：频率相差0.1~0.25Hz即可进行并列。

（3）并列开关两侧电压的相位角相同。

（4）并列开关两侧的相序相同。

102. 常见的系统故障有哪些？可能产生什么后果？

常见的系统故障有单相接地、两相接地、两相及三相短路或断线。其后果是：

（1）产生很大短路电流，或引起过电压损坏设备。

（2）频率及电压下降，系统稳定破坏，以致系统瓦解，造成大面积停电，或危及人的生命，并造成重大经济损失。

103. 为什么母线的对接螺栓不能拧得过紧？

螺栓拧得过紧，则垫圈下母线部分被压缩，母线的截面减小。在运行中，通过电流发热，由于铝或铜的膨胀系数比钢大，垫圈下母线进一步被压缩，母线不能自由膨胀。如果母线电流减小，温度降低，母线的收缩率比螺栓大，于是形成一个间隙。这样接触电阻加大，温度升高，接触面就氧化，使接触电阻更大，最后使螺栓连接部分发生过热现象，影响安全运行。一般，温度低，螺栓应拧紧一点，温度高，应拧松一点。

104. 配电装置中的裸母线为什么要涂色？

（1）表明母线用途，识别相序或极性。我国规定：三相交流母线中，A相涂黄色，B相涂绿色，C相涂红色，中性线涂紫色（不接地者）或紫色带黑色横条（接地者）。在直流母线中，正极涂赭色，负极涂蓝色。

（2）母线涂色可以增强热辐射能力，有利于母线散热，提高母线的载流量。

（3）涂色可防止母线锈蚀，尤其是钢母线。

105. 6kV 母线接地故障产生的原因是什么？

（1）负荷或进线、母线设备绝缘损坏。

（2）负荷或进线电力电缆击穿。

（3）小动物进入触及高压带电体。

（4）上级变线路出现故障等引起的（处理后自然消失）。

106. 电气设备中的铜铝接头，为什么不能直接连接？

以氢为基准，金属物质都有不同的电化序，铝的电化序在氢之前，标准电极电位为-1.34V。铜的电化序在氢之后，标准电极电位为+0.34V 或+0.521V。如把铜和铝用简单的机械法连接在一起，特别是在潮湿并含盐分的环境中（空气中总含有一定水分和少量的可溶性无机盐类），铜、铝的这对接头，就相当于浸泡在电解液内一对电极，便会形成电位差为 0.34V-(-1.34V)= 1.68V 的原电池。在原电池的作用下，铝会很快地丧失电子而被腐蚀掉，从而使电气接头慢慢松弛，造成接触电阻增大。当流过电流时，接头发热，温度升高还会引起铝本身的塑性变形，更使接头部分的接触电阻增大。如此恶性循环，直到接头烧毁为止。因此，电气设备的铜、铝接头应采用经闪光焊接在一起的“铜铝过渡接头”后再分别连接。

107. 对电气主接线有哪些基本要求？

（1）具有供电的可靠性。

（2）具有运行上的安全性和灵活性。

（3）简单、操作方便。

(4) 具有建设及运行的经济性。

(5) 应考虑将来扩建的可能性。

108. 发生弧光接地有何危害?

在单相接地中最危险的是间歇性的弧光接地，因为网络是一个具有电容电感的振荡回路，随着交流周期的变化而产生电弧的熄灭与重燃，就可能产生4倍左右相电压的过电压现象，这对电器是很危险的，特别是35kV以上的系统，过电压可以超过设备的绝缘能力而造成事故。

109. 为什么在三相四线制系统中，无须绝缘监察装置?

在三相四线制系统中，低压馈电变压器的零位点都是直接接地的。如果三相中有一相接地，就会产生单相短路接地的大电流，这时在馈电线上靠近故障点的具有短路保护功能的电器就会迅速动作，使得单相接地的馈电线停电，而对于其他馈电回路和系统并无影响，因此在这种系统中，一般不需要装设绝缘监察装置。

110. 在中性点不接地电网中，如何根据绝缘监察来判断线路的接地故障情况?

在中性点不接地电网中，当一相完全接地时，其监视绝缘的仪表的指示值为零，而其他两相将升高到$\sqrt{3}$倍。当一相不完全接地，即接地经过较大的电阻时，则接地相的指示值将比正常时减低，而其他两相则增高其指示值。接地电阻越大，则指示值的变化越小。若是持续接地，则仪表的指示值长久不变。若是间歇接地，则其指示值时增时减或有时正常。

111. 中性点不接地系统中，当母线绝缘监视指示两相电压正常而一相显著降低时，对应的是什么故障?

正常运行时母线绝缘监视电压表的三相指示应该基本相等。当两相电压指示正常而一相电压显著降低时，属电压互感器熔断器一相熔断。例如 C 相熔断，则 A 相、B 相对地电压正常，但 C 相电压显著降低或降为零。AC 相及 BC 相间电压也有所降低。这是由于三相电压回路还接有许多线间负荷，如电压表、电度表等，此时 C 相电压表与接在 AC 相及 BC 相间的负载串联而有一定的分压，该分压值的大小与相间负荷阻抗的大小成反比。

112. 什么叫做消弧线圈？

消弧线圈是一个电阻很小、感抗很大、绕在铁芯上的一个绕组，接在变压器或发电机的中性点上。在正常情况下，电流不通过消弧线圈，但当一相接地时，线圈处在相电压之下，通过接地处的电流是电容电流和线圈的电感电流，两者有 180°的相角差，所以互相补偿，就没有电流通过接地处，消除了瞬时接地故障，因此损坏地点不致发生断续电弧，因而不会引起危险的后果。

113. 为什么在三相四线制系统电路中中性线不能装熔断丝？

当发电机三相电动势平衡而每相负载不等时（发电机的每相负载常不相等），此时中线内有电流，若中线装了熔断丝而熔断时，中线电流为零，这样各相电流引起变动，因此又引起相电压的变动，使三相电压相差很大，某相电压可能超过其额定值而使设备烧毁。

114. 冬季电气设备上结了冰溜有无影响？

根据经验，刚结的冰溜绝缘性能较高，但经过一些时间后，由于冰溜表面上积聚了灰尘、炭粉末，会使绝缘性能显著下降。应该设法去掉，不然就会发生故障。

115. 多数电气设备上绝缘瓷瓶的表面为什么做成波纹形状？

因为沿面放电的电压和绝缘体表面路径长短有关，路径加长，沿面放电电压可提高，为了减少瓷瓶的体积，提高放

电电压（增加了沿面放电路径），故将表面做成波纹形状。

116. 提高断路器的分闸速度，为什么能减少电弧重燃的可能性和提高灭弧能力？

提高断路器的分闸速度，即在相同的时间内触头间的距离增加较大，电场强度降低，与相应的灭弧室配合，使之在较短时间内建立强有力的灭弧作用。又能使熄弧后的间隙在较短时间内获得较高的绝缘强度，减少电弧重燃的可能性。

117. 为什么真空断路器的体积小而使用寿命长？

真空断路器的结构非常简单，在一只抽真空的玻璃泡中放了一对触头。由于真空的绝缘性能、灭弧性能都特别好，可使动、静触头的开距非常小（10kV 的约 10mm，而油断路器触头开距约为 160mm），所以真空断路器的体积和重量都很小。由于真空断路器的触头不会氧化并且熄弧快，触头不易烧损，因此适用于频繁操作的场合，使用寿命比油断路器高约 10 倍。

118. 静电荷是怎样聚集起来的，为什么能引起火灾？

静电荷的聚集，往往是由于两个绝缘物的相互间的摩擦，绝缘物体上的电荷逐渐积聚而形成。这种静电荷对地有较高的电位，有时达到几千伏，甚至几万伏，能击穿周围的空气而产生火花放电，这种放电要是在易燃易爆物品的附近出现，特别是在放电阶段，就能引起严重火灾爆炸事故。

119. 断路器，负荷开关、隔离开关有何区别？

断路器、负荷开关、隔离开关都是用来闭合和断开电路用的电气设备。但是它们在电路中所担负的任务不同，其中断路器可以切断负荷电流和短路电流。负荷开关只可以切断负载电流，短路电流由熔断器来切断。隔离开关没有灭弧装置，只允许切断较小的电流，让电路有明显的断开点。

120. 运行中断路器合闸线圈的端电压，为什么不得低于额定值的80%?

利用电磁铁操动机构操作的断路器，其关合速度与合闸电源的关系很大。操动机构合闸线圈的端电压越低，电磁吸力越小，关合速度也越慢。另外，如果合闸时遇到大的故障电流，所产生的电动力将严重阻止合闸操作的最终完成，使电弧不能熄灭，所以，合闸线圈的端电压不得低于额定值的80%，以确保断路器安全运行。

121. 一般开关柜均装有指示灯，为什么在开关的操作机构上还安装分、合指示片?

指示灯的指示只作为辅助的信号，因为指示灯电源故障、辅助接触点失灵、灯泡损坏等，可能造成指示灯的指示不正确，因此在操作手柄位置要加装分、合闸的指示片。而且当开关与开关柜安装地点不同时，开关操作机构上有了指示片，在开关旁边就可以知道开关的分合状态。

122. 操作隔离开关时，断开时要快、接通时缓慢一点，为什么?

隔离开关应该在无负荷时进行操作，在要断开隔离开关时，为了防止回路中带有少量负荷，在断开时发生电弧而损坏触头，所以要尽量快地使电弧熄灭。

在接通隔离开关时，为防止带负荷操作而发生事故，所以要慢慢接通。当接触一点时，如果触头上有电弧发生应立即拉开，检查回路中所带的负荷是否有短路的地方，消除后再进行操作。

123. 较大容量熔断器的熔断丝，为什么都装有纤维管?

当熔断丝发热熔断时产生很大的电弧，可能引起相间短路灼伤维护人员。将熔断丝放在纤维管内，在熔断发生电弧

时，管壁析出气体，在管内造成很高的气压，使电弧熄灭，对人身和设备比较安全。

124. 为什么熔断器除标明额定电流外，还标明额定电压？

熔断器是利用电流的热效应保护短路的，当被保护处发生短路时，熔断丝即熔断，将故障从网络中切除。但熔断丝只是电路中很短的一段，熔断丝熔断后，断开处不应产生电弧，因而要求熔断丝具有与开路电压相适应的长度。因此，熔断芯子的长度一定，其允许的开路电压也应一定，所以，需要标明额定电压值。

125. 熔断器能否作异步电动机的过载保护？

不能。异步电动机启动电流是额定电流的4~7倍，因此选用熔断器的额定电流要比电动机额定电流大1.5~2.5倍，来确保熔断器在启动时不熔断。这样即使电动机过负荷50%，熔断器也不会熔断，电动机会因过负荷而损坏，所以熔断器只能用作异步电动机的短路保护，而不能用作过载保护。

126. 电压互感器高压侧的熔断器为什么用铜合金丝而不用普通的熔断丝？

电压互感器高压侧的熔断器是用以切断短路电流的。熔断丝一般放在充满石英砂的管内，以利灭弧。为了限制短路电流，熔断丝阻抗应稍大些，为此需要有一定长度，以减小波峰值。如用铜合金丝做熔断丝，由于它的机械强度较高，熔断丝可以做得较细，电阻值也较大。故采用铜合金丝比采用一般熔断丝为妥。

127. 为什么一般熔断器都装在室内，而跌落式熔断器则不宜装于室内？

普通熔断器的熔断丝在熔断时，电弧及气体不会从熔断器里喷出，安全可靠。至于跌落式熔断器熔断丝熔断时，便有电弧从管子里喷出来，可能伤害维修人员、发生故障或引起火灾。因此，不宜装于室内。

128. 电流互感器有什么作用？

电流互感器把大电流按一定比例变为小电流，提供各种仪表使用和继电保护用的电流，并将二次系统与高电压隔离。它不仅保证了人身和设备的安全，也使仪表和继电器的制造简单化、标准化，提高了经济效益。

129. 为什么有些低压配电盘上用了自动空气开关还要串接交流接触器？

自动空气开关有过流、短路、欠压保护作用，但其结构上着重提高灭弧性能，不适宜频繁操作，而交流接触器在结构上没有过流、短路保护作用，但适宜于频繁操作。因此，需要在正常工作电流下频繁操作的场所，常采用自动空气开关串接交流接触器，由接触器承担电路工作电流的接通和断开，并具有欠压、失压保护功能。

130. 交流接触器工作时，为什么常发出噪声？

（1）动铁芯、静铁芯之间接触面上有脏物，造成铁芯吸合不紧。

（2）电源电压过低，线圈吸力不足。

（3）铁芯磁路的短路环断裂，造成振动极大，以致不能正常工作。

131. 为什么接触器的触头一般要求超行程？

接触器的动触头与静触头在接触后，衔铁（或动触头支架）继续运动至完全吸合的一段距离叫做超行程。

超行程可以保证触头的可靠接触，减少触头闭合后的振动。并且有些接触器的动静触头在这一段距离中的滑动可以

将触头表面的氧化膜或脏物擦掉。

132. 隔离开关在运行中可能出现哪些异常？

（1）接触部分过热。

（2）绝缘子破损、断裂、导线线夹裂纹。

（3）支柱式绝缘子胶合部位质量不良和自然老化造成绝缘子损坏。

（4）因严重污秽或过电压，产生闪络、放电、击穿接地。

133. 为何在有爆炸危险的场所禁止使用铝导体？

因为铝是较活泼的金属，铝粉易氧化放出大量的热量，铝导体因电弧短路或受机械冲击时便喷出铝粉，铝粉在很高温度下能发生强烈的氧化甚至燃烧，这样增加了点燃和爆炸的危险性，因此禁止使用铝导体。

134. 高压开关柜有焦臭味，如何处理？

（1）检查开关各接点是否有过热现象。

（2）端子排接线是否有短路、击穿现象。

（3）将检查的现象和结论汇报分公司电调。

（4）根据调度令，将小车开关（刀闸）拉开，拉至检修位置并做好安全措施。

135. 什么叫高压配电装置？高压配电装置包括哪些设备？

高压配电装置一般系指电压在1kV以上的电气设备，包括开关设备、测量仪器、连接母线、保护设施及其他辅助电器，它是电力系统中的一个重要组成部分。

136. 高压开关铭牌数据意义是什么？

额定电压：正常的工作电压，可以长期使用的最高工作电压。额定电流可以长期通过的工作电流。开断电流和额定开断电流，在某一电压（线电压）下所能开断而不影响继续正常工作的最大电流，该电压下的开断电流为额定开断电流。极限开断电流，在不同标准电压下，所开断电流中的最大值。开断容量和额定开断容量，在某一电压下开断电流和电压的乘积，再乘以线路系数，称为该电压下的断流容量。最大热稳定电流，在一定时间（5s）内，各部件所能承受的热效应所对应的最大短路电流有效值。动稳定电流，各部件所能承受的电动力效应所对应的最大短路电流第一周波峰值，一般为额定开断电流的2.55倍。

137. 真空断路器有哪些特点？

真空断路器具有触头开距小，燃弧时间短，触头在开断故障电流时烧伤轻微等特点，因此真空断路器所需的操作能量小，动作快。它同时还具有体积小、重量轻、维护工作量小，能防火、防爆，操作噪声小的优点。

138. 高压隔离开关可进行哪些操作？

隔离开关没有灭弧能力，严禁带负荷拉、合闸。在某些线路中，隔离开关也用来进行切换操作。根据规程规定可以使用隔离开关进行下列操作：

（1）开、合电压互感器和避雷器回路。

（2）电压35kV，长度在5km以内的无负荷运行的电缆线路。

（3）电压10kV，长度在5km以内的无负荷运行的电力线路。

（4）限定容量的无负荷运行的变压器：

①电压10kV以下，容量不超过320kV·A。

②电压35kV以下，容量不超过1000kV·A。

（5）倒母线操作。

139. 高压熔断器的用途如何？

高压熔断器用于输电线路、配电线路及电力变压器的短

路和过载保护。高压熔断器分类可按额定电压和额定电流。按使用场所可分为户内式和户外式。按熔体管的动作特性可分为固体式和自动跌开式。按工作特性又可分为有限流作用和无限流作用。

高压熔断器管内熔体的熔化时间有下列规定:

(1) 当通过熔体的电流为额定电流的130%时,熔化时间应大于1h。

(2) 当通过熔体的电流为额定电流的200%时,须在1h以内熔化。

(3) 保护电压互感器的熔断器,当通过熔体的电流在1.6~1.8倍范围内,其熔断时间不超过1min。

140. 高压断路器出现哪些异常时应停电处理?

(1) 严重漏油,油标管中已无油位。

(2) 支持瓷瓶断裂或套管炸裂。

(3) 连接处过热变红色或烧红。

(4) 绝缘子严重放电。

(5) SF6断路器的气室严重漏气发出操作闭锁信号。

(6) 液压机构突然失压到零。

(7) 少油断路器灭弧室冒烟或内部有异常声音。

(8) 真空断路器真空灭弧室损坏。

141. 为什么电压互感器和电流互感器的二次侧必须接地?

电压互感器和电流互感器的二次侧接地属于保护接地。因为一次、二次侧绝缘如果损坏,一次侧高压串到二次侧,就会威胁人身和设备的安全,所以二次侧必须接地。

142. 电压互感器在运行中,二次为什么不允许短路?

电压互感器在正常运行中,二次负载阻抗很大,电压互感器是恒压源,内阻抗很小,容量很小,一次绕组导线很细，当互感器二次发生短路时，一次电流很大，若二次熔断丝选择不当，熔断丝不能熔断时，电压互感器极易被烧坏。

143. 停用电压互感器时应注意哪些问题？

（1）不使保护自动装置失去电压。

（2）必须进行电压切换。

（3）防止反充电，取下二次熔断器（包括电容器）。

（4）二次负荷全部断开后，断开互感器一次侧电源。

144. 运行中电压互感器出现哪些现象须立即停止运行？

（1）高压侧熔断路接连熔断二次、三次。

（2）引线端子松动过热。

（3）内部出现放电异音或噪声。

（4）见到放电，有闪络危险。

（5）发出臭味，或冒烟。

（6）出现溢油现象。

145. 为什么不允许电流互感器长时间过负荷运行？

电流互感器长时间过负荷运行，会使误差增大，表计指示不正确。另外，由于一次、二次电流增大，会使铁芯和绕组过热，绝缘老化快，甚至损坏电流互感器。

146. 架空线的电流超过其安全载流量时，导线是否会熔化？

导线的安全载流量是根据其最高允许温度来确定的，因为导线过热会损害它的强度。最高允许温度是根据导线的强度在 30 年的运行年限后不能低于原强度的 93% 来规定的。因此，当导线的电流超过其安全载流量时，是不会熔化的，但会降低它的强度，缩短其使用寿命。

147. 为什么电力电缆两端都要装电缆头？

每根电缆的两端要剥出芯线并装设电缆头，把电缆重新加以绝缘和密封，使整个电缆线路都具有相等的绝缘强度。

电缆头的作用：

(1) 防止潮气及其他外界有害物质侵入。

(2) 防止氧气侵入使绝缘层变质而击穿。

(3) 保护电缆两端免受机械损伤。

148. 变电所的二次回路，为什么一般要采用铜芯的电缆和导线？

变电所的二次回路是保证系统正常运行的重要环节，因此应有高度的可靠性，因铜导电性能好，表面不易产生破坏接触面的氧化物，并且有足够的机械强度，所以一般均采用铜线。二次回路导线的截面一般按发热和电压损失来选择的，但为了保证导线有足够的机械强度，所以最小截面不得小于 $1.5mm^2$。为保证有足够的绝缘强度，规定其绝缘耐受电压不低于 500V。

149. 为什么电缆线路停电后用验电笔验电时，短时间内还有电？

电缆线路相当于一个电容器，停电后线路还存有剩余电荷，对地仍然有电位差。若停电立即验电，验电笔会显示出线路有电。因此必须经过充分放电，验电无电后，方可装设接地线。

150. 变压器的工作原理是什么？

变压器是根据电磁感应定律工作的。将变压器初级线圈施以交变电压 U，则在初级线圈中产生交变电流 I，此电流在铁芯中产生交变磁通，磁通穿越次级线圈时，在变压器副边感应出电动势 E。

151. 运行电压增高对变压器有何影响？

当运行电压低于变压器的额定电压时，一般来说对变压器不会有任何影响，当然不能太低，这主要是由于用户的正常生产对电压质量有一定的要求。当变压器的运行高于额定电压，铁芯的饱和程度将随着电压的增高而相应的增加，致使电压和磁通的波形发生严重的畸变，空载电流也相应增大，铁芯饱和后，电压波形中的高次谐波值也大大增加。运行电压增高使铁芯及其金属夹件因漏磁增大而产生高温，严重时将损坏变压器绝缘并使构件局部变形，缩短变压器的使用寿命。因此，变压器的输入电压一般不容许超过额定电压的5%。

152. 变压器套管裂纹有什么危害性？

套管出现裂纹会使绝缘强度降低，能造成绝缘的进一步损坏，直至全部击穿。裂缝中的水结冰时也可能将套管胀裂。可见套管裂纹对变压器的安全运行是很有威胁的。

153. 变压器有哪些种类？

变压器按用途可分为：

（1）电力变压器。

（2）试验变压器。

（3）仪用变压器。

（4）特殊变压器。

变压器按相数可分为：

（1）有单相变压器。

（2）三相变压器。

变压器按绕组可分为：

（1）自耦变压器。

（2）双绕组变压器。

（3）三绕组变压器。

变压器按铁芯可分为：

（1）芯式变压器。

（2）壳式变压器。

变压器按冷却方式可分为：

（1）油浸式变压器。

（2）干式变压器。

（3）充气式变压器。

（4）蒸发冷却式变压器。

154. 变压器运行中有哪些损耗？与哪些因素有关？

变压器的功率损耗可分为两部分，即固定损耗和可变损耗。

固定损耗是空载损耗即铁损，它与变压器的容量及电压高低有关，而与负载无关。空载损耗可分为有功损耗和无功损耗。有功部分基本是铁芯的磁滞损耗和涡流损耗，无功损耗部分是激磁电流产生的损耗。

可变损耗是短路损耗，它也分为两部分，即有功部分和无功部分，有功部分是变压器的原、副绕组的电阻通过电流时产生的损耗，它与电流的平方成正比，取决于变压器负载的大小和功率因数的高低。无功部分主要是漏磁通产生的损耗。

155. 什么叫变压器分接开关？

为了提高电压质量，使变压器能够有一定的输出电压，通常改变一次绕组分接头的位置来实现调压的，连接分接头位置的装置叫分接开关。

156. 变压器油起什么作用？

变压器油是一种经过提炼的绝缘矿物油，主要作用是：

（1）在变压器中起绝缘作用。

（2）有消弧作用，如在油中发生电弧时，在一定范围内，变压器油可以消灭电弧，免除由于发生电弧作用破坏电气设备绝缘。

(3) 散热作用，变压器带负荷时，铁芯和线圈发热，导致油温升高，由于油的温差作用受热的油升到油箱上部，通过油管上口流向油管，散热后又流回油箱底部，变压器就是通过油的循环来达到冷却目的。

157. 变压器油位的变化的与哪些因素有关？

变压器的油位在正常情况下随着油温的变化而变化，因为油温的变化直接影响变压器油的体积，使油标内的油面上升或下降。影响油温变化的因素有负荷的变化、环境温度的变化、内部故障及冷却装置的运行状况等。

158. 变压器外壳为何要接地？对接地装置有何要求？

变压器外壳接地主要是为保证人身安全。

变压器外壳接地时应符合下列要求：

(1) 变压器接地电阻不应大于 4Ω，100kV · A 以下的变压器接地电阻不应大于 10Ω。

(2) 接地体与接地线焊接应牢固，接地线与设备连接时应用螺栓固定。

(3) 接地体采用圆钢时直径应大于 8mm，采用扁钢片时应不小于 4×12mm。

159. 变压器在运行前应做哪些检查？有何作用？

(1) 检查变压器的试验合格证和变压器油的化验合格证，试验结果是否合格可用。

(2) 检查变压器油箱的油阀是否完整，有无渗油情况。

(3) 检查变压器的铭牌是否牢固，额定电压和额定容量是否符合要求。

(4) 检查变压器油位是否达到要求。

(5) 检查分接头调压板是否安装牢固，连片是否松动，

螺栓是否脱扣，分接头的选定是否与安装点的电压相适应。

(6) 检查高低压引线有没有破裂或断股现象，绝缘是否包扎完好。

(7) 检测变压器的内外部是否清洁整齐，套管有无污垢、破裂、松动，螺栓是否完整、是否牢固。

(8) 检查变压器上盖部分密封是否严密。

(9) 用1000~2500V兆欧表测量变压器高低压线圈及对地绝缘电阻。

160. 变压器缺油对运行有什么危害?

变压器油面过低会使轻瓦斯动作。严重缺油时，铁芯和绕组暴露在空气中容易受潮，并可能造成绝缘击穿。

161. 为什么规定变压器绕组温升为65℃?

变压器温升规定为65℃是依据A级绝缘为基础的。65℃+40℃=105℃是变压器绕组的极限温度。由于一般环境温度都低于40℃，故变压器的绕组温度一般达不到极限工作温度。即使短时间达到105℃，由于时间很短，对绕组绝缘并没有直接的危害。

162. 操作跌落式保险时有哪些注意事项?

(1) 拉开保险时，一般先拉中相，次拉背风相，最后拉迎风相。合保险时顺序相反。

(2) 合保险时，不可用力过猛，当保险管与鸭嘴对准后且距离鸭嘴80~110mm时，再适当合上。

(3) 合上保险后，要用拉杆钩住保险鸭嘴上盖向下压两下。再轻试拉，看是否合好。

163. 变压器在运行中油温突然升高怎样处理?

变压器在运行中，油温突然增高是内部过热的象征。可能是由于过负荷运行或螺栓接头松动，高压线圈、低压线圈间短路等原因所至，因此应先检查变压器是否过负荷运行。如果是可以减少变压器的实际负荷，或根据变压器过负荷情况规定运行。如果减少负荷，变压器的温升仍然升高，应停止运行，汇报电力调度处理。

164. 怎样预防变压器发生事故？

为了有效地防止变压器发生事故，除了在日常的运行中加强维修保养外，还应把变压器安装在通风良好的地方，并且要经常观察油温、油位、油的颜色，从电流表上监视变压器的负荷变化，判断它的声音是否正常，经常保持变压器绝缘套管的清洁，并应按《预防性试验规程》规定，定期进行检修和试验，这样才能保证变压器的安全，延长使用寿命，防止发生事故。

165. 变压器的常见故障有哪些？

（1）芯体发生故障：各部分绝缘老化，绕组层间、匝间发生短路，铜线质量不好形成局部过热，线圈绝缘受潮，系统短路冲击电流造成机械损伤等。

（2）变压器油故障：绝缘油因高温运行而老化，吸收空气中的水分造成电气绝缘性能降低，油泥沉积阻塞油道使散热性能变坏油绝缘性能降低，造成闪络放电等。

（3）磁路故障。

166. 运行中的变压器，能否根据其发生的声音来判断运行情况？

变压器可以根据运行的声音来判断运行情况。用木棒的一端放在变压器的油箱上，另一端放在耳边仔细听声音，如果是连续的“嗡嗡”声比平常加重，就要检查电压和油温，若无异状，则多是铁芯松动。当听到“吱吱”声时，要检查套管表面是否有闪络的现象。当听到“噼啪”声时，则

是内部绝缘击穿现象。

167. 什么原因会使变压器发出异常音响?

（1）过负荷。

（2）内部接触不良，放电打火。

（3）个别零件松动。

（4）系统中有接地或短路。

（5）大电动机启动使负荷变化较大。

168. 变压器停电后做哪些检修?

（1）检查导电紧固螺栓有无松动，接头是否过热。

（2）绝缘磁套管有无放电痕迹或破损。

（3）箱体结合处有无漏油痕迹，有时设法修补。

（4）防爆管是否完好，检查其他密封性能。

（5）检查冷却系统是否完好，进行全面清扫工作。

（6）油枕油位是否正常，放掉集污盒内的污油，检查干燥剂是否因吸潮而失效，如果失效，可取出在烘箱内干燥脱水。

（7）检查瓦斯继电器是否漏油，阀门开阀是否灵活，接点之间的绝缘是否良好。

169. 变压器自动跳闸的原因有哪些?

变压器自动跳闸时，如有备用变压器，值班人员应迅速将其投入运行，然后立即查明变压器跳闸的原因。如无备用变压器，则需根据保护装置动作情况和在变压器跳闸时有何种外部现象，如检查结果证明变压器跳闸不是由于内部故障所引起，而是由于过负荷，外部短路或保护装置二次回路故障所造成的，则变压器可不经外部检查而重新投入运行，否则须进行检查、试验，以查明变压器跳闸的原因。

170. 变压器在什么情形时应立即停下修理?

(1) 变压器内部响声很大,很不均匀,有爆裂声。

(2) 在正常冷却条件下,变压器温度不正常并不断上升。

(3) 油枕或防爆管喷油。

(4) 漏油致使油面降落低于油位指示计的温度。

(5) 油色变化过深,油内出现杂质等。

(6) 套管有严重的破损和放电现象。

171. 变压器高熔断丝、低熔断丝如何选择?

变压器高压熔断丝是作为变压器内部故障保护用的。低压熔断丝是作为低压过负荷和保护用的。按运行规程规定,容量在100kV·A以下的变压器,高压熔断丝可按额定电流的2~3倍选用,考虑熔断丝的机械强度,一般不应小于10A。容量100kV·A以上变压器,高压熔断丝可按额定电流的1.5~2倍选用,低压熔断丝应按额定电流选用。

172. 电力变压器的操作原则有哪些?

(1) 变压器投入运行时,应先按倒闸操作的步骤,合上各侧隔离开关,操作电源,投入保护装置,使变压器处于热备用状态。

(2) 变压器高低压侧都有电源时,一般采用高压侧充电,低压侧并列的方法,停电时相反。

(3) 当有几个电源可供选择时,宜由小电源侧充电。

(4) 当变压器为单电源时,送电时应先合电源侧断路器,后合负荷侧断路器,停电顺序相反。

(5) 当变压器一侧装置有保护时,应先从保护装置侧断路器送电。

(6) 如未装设断路器时,可用隔离开关切断或接通空载电流不超过2A的空载变压器。

173. 变压器铭牌上标明Δ/Y—11 表示什么意思?

根据变压器一次线圈和二次线圈的联结方式不同，变压器一次侧和二次侧线电压的相角也不同。常用变压器是Δ/Y—11。表示该变压器两个线电压的相角差为330°，在习惯上以时钟表示法即11点钟。

174. 变压器是静止的电气设备，但在运行中都会发出“嗡嗡”声，为什么?

当变压器线圈接入50Hz交流电时，在铁芯中也就产生50Hz磁通。由于磁通的变化，使铁芯的硅钢片也相应地产生振动，即使夹得很紧，也会产生50Hz振动的“嗡嗡”声。但只要这种声音没有加重，也没有别的杂声，都是正常现象。

175. 电力变压器的高压线圈为什么常常绕在低压线圈的外面?

因为高压线圈的绝缘要求高。若低压线圈在外，高压线圈就贴近变压器的铁芯，这样必须加强绝缘，就会造成变压器造价提高。

此外，高压线圈一般要有调压抽头接至分接开关。若高压线圈放在内侧，则接线及引线的绝缘处理困难。

176. 为什么电力变压器的分接头通常装在高压侧，而不装在低压侧?

由于低压侧电流比高压侧大得多，因此，分接头所需的导线截面积和分接开关的尺寸应相应增加。这样，不仅引出线接头不方便，而且装设地点也得加大。铁芯式变压器的低压侧线圈装在内侧，要从低压侧引出分接头比较困难。同时，一般低压绕组的匝数比高压绕组少，因此，分接头电压降是一匝感应电压的整数倍，否则不能正确地取用分接头电压。所以，一般电压变压器的分接头，都装设在高压侧。

177. 在安装有瓦斯继电器的变压器时，该是水平安装还是倾斜安装？

在安装有瓦斯继电器的变压器时，应该倾斜安装，即装有油枕的一边较高，使其顶盖沿瓦斯继电器方向有1%～1.5%的升高坡度。这样可使变压器内发生的瓦斯易于跑向油枕，从而促使瓦斯继电器正确、可靠地动作。

178. 为什么变压器的空载试验可以测出铁损而短路试验可以测出铜损？

变压器的铁损包括涡流损耗和磁滞损耗，在电源频率一定时，决定于铁芯中磁感应强度的大小。变压器的铜损则主要决定于原副边线圈中电流的大小。

空载试验时，副边电流为零，原边空载电流很小，铜损可以忽略不计，而原边加的是额定电压，铁芯中的磁感应强度为工作时的正常值，所以输入功率基本上消耗于铁损。短路试验时，原副边线圈中都是额定电流，而原边电源电压较低，铁芯中的磁感应强度较小，铁损可以忽略不计，所以输入功率基本上消耗于铜损。

179. 当变压器外部连接的线路上发生短路时，变压器内部受到何种影响？

由于变压器外部短路故障，使线圈内部产生很大的机械应力（电动力），这个机械应力使线圈压缩，解除事故后应力也随着消失，这个过程会使线圈有松弛现象，线圈的绝缘衬垫及垫板等也会松动甚至脱落。情况严重时，可使铁芯夹紧螺栓的绝缘和线圈形状改变，松动或变形的线圈当重复受到机械应力作用后可能损坏绝缘，造成匝间短路。

180. 为什么新装或大修后的变压器，在投运前要进行3~5次冲击试验？

新装或大修的变压器，在投入运行前，要进行冲击合闸试验，主要是为了检查变压器的内部状况，是否有异常现象，由于在冲击合闸瞬时，变压器将承受2~3倍相电压的过电压，这样不但能检查变压器内部情况，又可检查继电器是否能避开励磁涌流而不会误动作。

181. 如何从变压器瓦斯继电器内放出的气体颜色来判断变压器故障的性质？

变压器瓦斯继电器内放出的气体，气体如是黑褐色，且具有可燃性说明变压器故障较严重，油已自行分解；气体如是淡灰色，则说明变压器线圈纤维绝缘有故障；气体如是黄色，则说明变压器本体绝缘有故障；气体如是无色无味气体，说明变压器内部进入了空气。

182. 为什么要监视变压器的温升？温升是否越低越好？

变压器的温升是重要的运行参数之一。温升过高，绝缘老化快，严重时变脆破裂，从而损坏变压器的线圈。另外，即使绝缘还没有损坏，但温升过高，绝缘材料的性能变坏，容易被高电压击穿，造成故障。因此，变电所值班员必须监视变压器的温升，不能超过绝缘材料的允许温度。但是变压器的温升不是越低越好，因为一定的绝缘等级的材料，允许在一定的温度下长期运行。变压器额定容量就是根据绝缘材料所允许的温度确定下来的，在额定容量下，变压器可以连续长期运行。如果变压器温升过低，说明变压器轻载，材料没有被充分利用，因此是不经济的。

183. 为什么变压器的铁芯必须接地，且只能一点接地？

变压器运行时铁芯处在强电场中，具有很高的电位，如果不接地，势必与接地的油箱、铁轭等之间产生较高的电位差而导致放电现象，造成变压器事故。但若将铁芯硅钢片几点接地，则硅钢片沿接地处形成涡流通路，使涡流损失加大，造成铁芯局部发热，这也是不允许的。硅钢片之间虽然涂有绝缘漆，但其绝缘电阻较小，只能隔断涡流而不能阻止高压感应电流，故只要将一片硅钢片接地就能使整个铁芯都接地。

184. 变压器漏油如何处理？

将漏油情况汇报电力调度，按调度指令操作，合上低压母联开关，切断该变压器高、低压侧开关，尽量采取应急措施，阻塞漏油处，阻止变压器油回溢。如危及设备安全运行，可先操作后汇报。

185. 简述瓦斯继电器工作原理和优缺点。

油浸式变压器是用变压器油作为绝缘和冷却介质的，当变压器内部发生故障时，故障点局部产生高温，将使油温升高，体积膨胀，同时故障点产生电弧使油分解产生气体升到变压器顶端，使上浮筒下沉接点闭合发出报警。当故障严重时将产生大量气体，加上热油膨胀，内部压力突增，使油迅速推向油枕，浮筒受到一定的流速冲击而动作，接点闭合，使断路器跳闸切断电源。

优点：（1）接线简单，价格低。（2）动作灵敏度高，能够保护变压器内部一切故障。

缺点：误动率高。

186. 变压器轻瓦斯保护信号动作时如何处理？

（1）运行中发现轻瓦斯动作时，值班人员随即将信号复归。

（2）对变压器立即进行检查，重点检查油色、油位、

油温及是否漏油。

(3) 如有备用变压器，必要时可倒备用变压器运行。

(4) 立即取瓦斯继电器积聚的气体进行分析，如无色、无臭、不可燃则变压器仍可运行。

(5) 如收集的气体可燃、有颜色，应立即将变压器停运检修。

(6) 如强油循环变压器，应检查潜油泵是否漏入空气，油泵玻璃是否破裂造成漏气。

(7) 如在变压器瓦斯继电器中并未发现任何气体，值班人员应查明是否有引起误动的其他原因。

187. 变压器过流保护动作如何处理?

(1) 有备用变压器时，迅速将其投入运行。

(2) 厂用备用变压器联动未动作时，应手动投入，如联动投入，保护装置动作又跳闸，则不得手动投入。

(3) 检查信号继电器指示，是过流保护动作时，应分清情况作如下处理：

①如未发现电压降低或冲击等短路现缘，判明为继电器误动作，变压器经过外观检查后可经过试验再投入运行。

②如站用变压器自动投入良好，则对跳闸变压器须查明原因方可恢复运行。

③如有电压降低或冲击等短路现象，判明并非误动作时，则应进行变压器及有关设备详细检查，待故障清除后方可投入运行。

④如是外部故障，则须将外部故障清除后，并对变压器进行外部检查，确认良好后，方可投入运行。

188. 变压器并联运行的条件是什么?

(1) 接线组别相同。

（2）一次、二次测的额定电压分别相等（变比相等）。

（3）阻抗电压相等。

（4）容量比一般不应超过三比一。

189. 变压器有哪些部件组成？

组成变压器的部件有铁芯、绕组、油箱、油枕、呼吸器、防爆管、散热器、绝缘套管、分接开关、瓦斯继电器、温度计、净油器等。

190. 油浸式电力变压器的冷却方式有几种？

（1）油浸自冷式。

（2）油浸风冷式。

（3）强迫油循环冷却。

191. 变压器停电清扫的内容有哪些？

（1）清扫瓷管及有关附属设备。

（2）检查母线及接线端子等连接点接触情况。

（3）清扫前后测量绝缘电阻以及接地电阻。

192. 绝缘瓷套管闪络和爆炸原因是什么？

套管密封不严，因进水使绝缘受潮而损坏。套管的电容芯子制造不良，内部游离放电，或套管积垢严重，以及套管上有大的碎片和裂纹，均会造成套管闪络和爆炸事故。

193. 分接开关常见故障有哪些？

（1）分接开关触头弹簧压力不足，触头滚轮压力不匀，使有效接触面积减少，以及因镀银层的机械强度不够而严重磨损等会引起分接开关烧毁。

（2）分接开关接触不良，经受不起短路电流冲击而发生故障。

（3）调整分接开关时，由于分头位置切换错误，导致开关烧坏。

（4）相间绝缘距离不够，或绝缘材料性能降低，在过电压作用下短路。

194. 变压器长时间在极限温度下运行有哪些危害？

一般变压器的主要绝缘是A级绝缘，规定最高使用温度为105℃，变压器在运行中绕组的温度要比上层油温高10~15℃. 如果运行中的变压器上层油温总在80~90℃，也就是绕组经常在95~105℃，就会因温度过高绝缘老化严重，加快绝缘油的劣化，影响使用寿命。

195. 异步电动机的工作原理是什么？

异步电动机的定子绕组是三相对称的，当电动机的三相定子绕组通入三相对称交流电后，将产生一个旋转磁场，该旋转磁场切割转子绕组，从而在转子绕组中产生感应电流（转子绕组是闭合通路），载流的转子导体在定子旋转磁场作用下将产生电磁力，从而在电动机转轴上形成电磁转矩，驱动电动机旋转，并且电动机旋转方向与旋转磁场方向相同，由于转子转速与同步转速之间存在转速差，使转子与旋转磁场之间始终做切割磁感线运动，所以称为异步电动机。

196. 异步电动机空载电流出现较大的不平衡是由哪些原因造成的？

（1）三相电源电压不平衡。

（2）绕组支路有断路造成阻抗不平衡。

（3）绕组中一相断路或绕组内匝间短路，元件短路等故障。

（4）修复后的电动机有一个线圈或绕组接反。

（5）绕线电动机转子绕组有一相接反。

197. 影响异步电动机运行的机械故障一般有哪些？

（1）小容量电动机因为机械部分不灵活或被其他杂物

卡住，使其启动困难，并发出“嗡嗡”响声。

(2) 中小型异步电动机因长时间没有按时更换润滑油，使轴承干磨或损坏。

(3) 定子转子相互碰撞，固定螺栓松动，负载过重等。

198. 电源缺相对电动机有什么危害?

当电源缺一相时，电动机将无法启动，转子左右摆动，有强烈的“嗡嗡”声，转子电流势必增加，引起过热，所以必须停止电动机启动，否则可能烧毁电动机。

运行中的电源缺相，电源由三相变成单相，定子磁场由三相旋转磁场变成了单相脉动磁场，这一磁场可分为两个互为反向的旋转磁场，反向磁场产生了反向制动转矩，它抵消了一部分正向转矩，使电动机的出力大为降低，如负载不降时，电动机的定子电流势必增加，引起过热，可能烧毁电动机。故电动机不允许长时间缺相运行，当电源缺相时，一般应由保护装置动作，使电动机退出运行。

199. 三相异步电动机过载保护用热继电器为什么有两相式还有三相式的?

对于三相星形接法电动机，在运行时如电动机一相断线，另两相的电流会同时增大，因此可用两相式热继电器进行保护。而对于三相三角形接法电动机，在运行时如电动机发生一相断线，仅一相的电流会明显增大，若仍使用两相式热继电器，则过载电流有可能不流过热继电器而不起保护作用，因此这种接法时必须使用三相式热继电器。

200. 星三角启动器的作用原理怎样? 有何优点?

中小型感应电动机配用星三角启动器，确有很多优点：如体积小、用料省、结构简单、制造容易等。它的作用是使电动机在启动时接成星形，在运转时则接成三角形。这样，

启动时绕组所受的电压为运转时的1/3倍，把电压降低到58%，从而使启动电流降低为1/3。

201. 三相异步电动机熔断丝如何选择？

三相异步电动机在启动时，电流高达额定电流的4~7倍，所以在选择熔断丝时必须予以考虑：

（1）单台电动机回路熔断丝额定电流等于1.5~2倍的电动机额定电流。

（2）多台电动机回路熔断丝额定电流等于其中最大一台电动机的启动电流除以 a（a 一般取2.5）再加上其余各台电动机额定电流之和。

202. 在异步电动机的运行维护中应注意什么？

（1）电动机周围应保持清洁。

（2）检查电源电压和电流的变化情况，一般电压波动允许在额定电压的±5%，三相电压之差不得大于5%，各相电流不平衡值不得超过10%，并要注意是否缺相运行。

（3）温升不允许超过最大允许值。

（4）监视轴承有无杂音，密封要好，并要定期更换润滑油。

（5）注意音响、气味、振动情况及传动装置运行情况。正常运行时，电动机无杂音和特殊声音。

203. 异步电动机绝缘电阻过低应如何恢复？

（1）长期停用的电动机由于绕组受潮，绝缘电阻降低时应烘干。

（2）长期使用的电动机由于绕组上吸附灰尘及碳化物，绝缘电阻降低时应清扫。

（3）引出线接线盒绝缘不良，应重新包扎。

（4）电动机绕组过热绝缘老化，应重新绕制。

204. 单相电动机为什么需要启动绕组?

因为单相电源产生的是脉动磁场，所以单相电动机转子会在脉动磁场的作用下产生一个推动的脉动力，但不能产生转矩，当在外力的作用下，就会按外力作用下产生一个顺外力推动的力矩，使转子旋转起来，并达到稳定运行状态。所以，因单相电动机本身不能产生启动转矩，才必须加装辅助启动设备或启动绕组，才能自行启动。

205. 异步电动机铭牌上各数据的含义是什么?

以某 YBX3 200S—4W 三相异步电动机为例，铭牌内容如下：

型号：YBX3 200S—4；功率：7.5kW；频率：50Hz；电压：380V；电流：15.2A；接法：△；转速：1450r/min；温升：75℃；工作方式：连续；绝缘等级：E；功率因数：0.85；效率：87%。

Y——异步电动机；

B——隔爆式适用于有爆炸性气体的场合；

X3——第三次改型设计（高效率）；

200——机座中心高；

S——产品机座号，根据机座号可查出机体外部安装尺寸（S 为短 M 为中 L 为长）；

4——极数；

W——环境代号，W 表示户外（户外无防护要求时省略）。

功率 7.5kW：表明电动机拖动正常负载时最大额定功率；

频率 50Hz：指工作时电源频率要求；

电压 380V：指工作时电源额定工作电压；

电流15.2A：指工作时电动机额定工作电流；

接法△：电动机定子绕组接线方式；

转速1450r/min：额定条件下，电动机的轴输出每分钟转速；

温升75℃：指在环境温度不大于40℃时，允许在环境温度下机内上升的温度；

绝缘等级E：电动机内绝缘的等级；

功率因数0.85：有功功率与视在功率之比；

效率87%：指输出功率与输入功率之比；

工作方式连续：表示可以长期连续工作。

206. 异步电动机有哪些常见故障？

（1）地脚螺栓松动。

（2）电动机轴承损坏。

（3）电动机所带机械损坏。

（4）定子线圈匝间短路。

（5）转子线圈绝缘性能降低。

（6）电压过高。

（7）转子扫膛。

（8）定子线圈绝缘性能降低。

207. 电动机在运行中发生哪些情况应立即停电检查？

（1）电动机或启动装置内有烟或火花发生时。

（2）滑动轴承超过80℃，滚动轴承超过100℃。

（3）剧烈振动，威胁电动机安全时。

（4）电动机最高允许温升超过铭牌规定。

（5）电动机转数急剧下降，同时电动机急剧发热。

（6）电动机所带机械被破坏时。

（7）将发生危及人身事故时。

208. 电动机没有引出端子板或引出线，没有编号时怎样连接？

电动机上没有引出端子板或引出线没有编号是常遇到的事，可以通过电池定相或通电试验的方法判断。

通电试验：将没有编号的电动机引出线分别用万用表将六根引出线找出，将任何两相串联起来，接于交直流电源上，另一相串联一灯泡，如果灯泡亮，表示第一相的尾端接于第二相的首端，如果灯泡不亮，则表示尾端与尾端相接，同样可以决定第三相的首端与尾端，如下图所示。

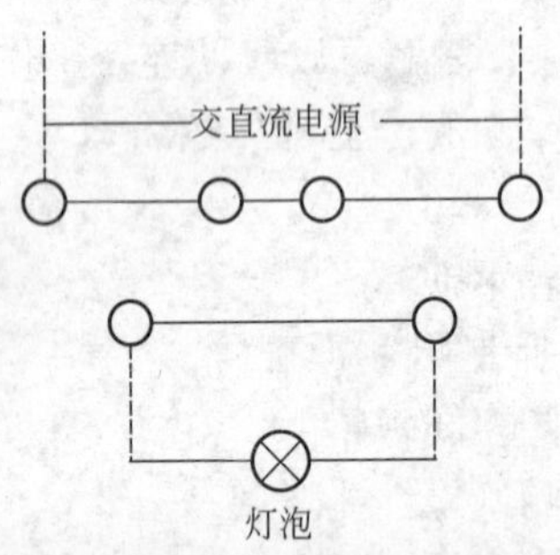

209. 电动机引出线端子编号有什么用处？

中小型异步电动机为了接线方便，在六个引出端子上分别用 D1、D2、D3、D4、D5、D6 编成代号来识别，其中 D1、D3、D5 表示电动机接线的首端，D2、D4、D6 表示电动机接线的尾端。

210. 电动机无法启动的原因有哪些？

电动机无法启动往往是因为电源缺相、电压过低、线路接错、线圈接地、控制保护装置失灵、定子线圈中有短路现象、轴承紧固、电源未接通或负荷过大所造成的。

211. 异步电动机在运行中有哪些不正常现象？

（1）电动机发生异常噪声。

（2）温度显著升高或线圈冒烟。

（3）轴承发热。

（4）电动机的转数不正常。

（5）三相电流不平衡或超过额定值。

（6）电动机振动过大。

（7）电压突然降低。

（8）电刷冒火严重。

212. 电动机在运行中声音异常因素有哪些？

（1）电动机机械摩擦，包括定子、转子相互摩擦。检查转动部分与静止部分间隙，找出相互摩擦的原因然后进行校正。

（2）电动机单相运行。先断电，再合闸，如不能起动且声音异常则可能有一相断电，应检查断相原因并加以修复。

（3）电动机轴承缺油或损坏。对轴承进行清洗加油，若轴承损坏，应更换新轴承。

（4）电动机接线错误。检查接线情况，并进行更正。

（5）电动机转子绕组断路。查找断路处，加以修复。

（6）电动机轴弯曲。校直或更换转轴。

（7）电动机联轴器连接松动。查找松动处，将螺栓拧紧。

213. 电动机振动大是什么原因？

机械方面的原因：

（1）电动机风叶损坏或紧固风叶的螺栓松动，造成风叶与风叶盖相碰，它所产生的声音随着碰击声的轻重，时大时小。

（2）由于轴承磨损或轴弯曲，造成电动机转子偏心严重时将使定子、转子相互摩擦，使电动机产生剧烈的振动和不均匀的碰擦声。

（3）电动机因长期使用致使地脚螺栓松动或基础不牢，因而电动机在电磁转矩作用下产生不正常的振动。

（4）长期使用的电动机因轴承内缺乏润滑油形成干磨运行或轴承中钢珠损坏，因而使电动机轴承室内发出异常的“咝咝”声或“咕噜”声。

（5）底座不平。

（6）转子动平衡失效。

电磁方面原因：

（1）三相电流不平衡，负载过重或单相运行。

（2）定子、转子绕组发生短路故障或鼠笼转子断条则电动机会发出时高时低的“嗡嗡”声，机身也随之振动。

214. 电动机运转时出现过热或冒烟，故障原因有哪些？停机后如何处理？

故障原因：

（1）电源电压过高，使铁芯发热大大增加。

（2）电源电压过低，电动机带额定负载运行，电流过大使绕组发热。

（3）定子、转子相互摩擦。

（4）电动机过载或频繁启动。

（5）笼型转子断条。

（6）电动机缺相，两相运行。

（7）重绕后的定子绕组浸漆不充分。

（8）环境温度高。

（9）电动机表面污垢多或通风道堵塞。

（10）电动机风扇故障。

（11）定子绕组故障（绕组断线、相间或匝间短路、绕组接地）。

（12）定子绕组接线错误，△连接电动机误接成 Y，或 Y 连接电动机误接成△。

故障处理方法：

（1）降低电源电压（如调整供电变压器分接头）。

（2）提高电源电压或更换成大线径的供电导线。

（3）重新装配，调整定转子间隙，消除摩擦。

（4）减载，按规定次数控制启动。

（5）检查、检修转子。

（6）检查供电电源，恢复三相运行。

（7）采用二次浸漆或真空浸漆工艺。

（8）改善环境温度，采用降温措施。

（9）清洗电动机。

（10）检查并修复风扇。

（11）检修定子绕组，消除故障。

（12）纠正接线错误。

215. 电动机的轴承为什么有时发热？

电动机的轴承发热，大部分是由于机轴与轴承间隙松紧不一致、装置不适当、皮带拉力过紧、齿轮推力太强、轴不直、轴承润滑不好、轴承的油质不洁、甩油环转得太慢或不转、油环变形，油环脱轨等原因引起的。根据这些原因可调整松紧部分，校正装置，减轻皮带张力和齿轮推力，重新校轴应避免压力过紧，校正弯轴，加注或更换润滑油，对变形的油环应调整更换，对油环脱轨的应调整或重装。

216. 电动机在运行中机体和轴承温度不得超过多少度？

电动机机体允许运行温度的高低取决于线圈绝缘材料的耐热性等级，其中 Y 级耐热等级为 90℃，A 级为 105℃，E 级为 120℃，B 级为 130℃，F 级为 155℃，H 级为 180℃，

N 级为 200℃，R 级为 220℃。滑动轴承不超过 80℃，滚动轴承不超过 100℃。

217. 鼠笼型电动机能不能达到同期转速？

鼠笼型电动机之所以能够转动，是由于定子的旋转磁场割切转子导体，在其中产生感应电流，再与磁场作用所致。如果达到同步转速，定子旋转磁场和转子间无相对作用力，即不能产生感应电流，当然也不能产生转矩，即使电动机空载，但仍有摩擦阻力，所以转速必然降低，即不能达到同期转速。

218. 为何电动机电压与额定电压的偏差不宜超过±5%？

当端电压与额定电压的偏差不超过±5%时，电动机的输出功率能维持额定值。

如电压过低。则电动机启动困难，且易过热。因电压降低后，电动机中的磁通减少会引起励磁电流分量减少，并引起负载电流分量增加，特别是当负载较重时，负载电流分量增大的数值大于励磁电流分量减少的数值，使定子总电流增加，超过其额定值。因定子和转子绕组上的功率消耗增加，故发热量增大。电动机会因过热而使绝缘老化，甚至使绕组烧坏。

如电压过高，尤其是当电压超过电动机额定值的+10%时，电动机铁芯的磁通密度会急剧增高，铁芯损耗增大，同时励磁电流分量也急剧增加，同样会造成定子总电流增加，从而使电动机绕组过热。

219. 有人说“三相异步电动机空载时启动电流小，满载时启动电流大”，对吗？

不对。一般异步电动机直接启动时的启动电流是额定电流的 4~7 倍。空载启动和满载启动时，在刚接通电源的瞬

间，转速都是从零开始增加的，随着转速的不断升高，启动电流也都从同一值开始不断减小，空载时下降到空载电流，满载时下降到额定电流。所以其启动电流和启动转矩都是相同的。只是空载时启动电流下降得快，启动过程短。满载时启动电流下降的慢，启动时间长。

220. 大型电动机为何规定热态时只允许启动一次，冷态时也不允许连续启动？

大型鼠笼型电动机的启动电流通常是额定电流的 4 ~ 7 倍，其负载一般都较重或转动惯量较大，所以启动时间很长。启动时定、转子绕组急剧发热，所以在热态时只允许启动一次。在冷态时，虽然电动机温度较低，但一次启动后，定转子绕组温度在短时间内急剧上升，若未冷却又接着第二次启动，则定转子绕组的温度将会升得更高，加速绕组的老化甚至烧毁。所以在冷态时，也需要间隔适当时间后才允许进行第二次启动。

221. 高压电动机启机前应检查哪些内容？

（1）确定电动机维修工作终结，工作票封票，现场未遗留各类物件。

（2）检查电动机周围是否有妨碍运行的杂物和易燃品等。

（3）检查电动机基础是否稳固，检查电动机底脚螺栓、外壳接地线、防护罩应完好。

（4）检查电源电缆布设是否适当，电气接线是否符合要求，检查电源电缆是否很好地消除应力。

（5）检查测温电缆、加热器电缆辅助设备的连接。

（6）检查联轴器连接是否完好，齿轮箱中有无扎牢情况。

（7）用手或工具转动转子，盘车三至五圈有无摩擦、卡阻、窜动和不正常声响。

(8) 检查运转部件传动及润滑情况是否良好。

(9) 检查电动机所配用的启动设备规格、容量是否符合要求，接线是否正确，启动装置操作是否灵活，触头接触是否良好，启动设备的金属外壳是否可靠接地。

(10) 检查三相电源电压是否过高、过低或三相电压不对称等。确定网络电压在电动机额定电压-5%~+10%的范围内，如不在指标值内必须与电调联系。

(11) 检查高压电动机保护是否完好投用。

(12) 检查配用无功补偿电容器组是否完好，保险是否可靠连接。

(13) 仪表联锁是否已可靠投用。

(14) 高压电动机停运 24h 后再次启机前测试电动机、电缆及相关设备绝缘电阻。

222. 6/10KV 高压电动机的启动次数是如何规定的?

在正常情况下，高压电动机允许在冷态下启动 2 次，每次间隔时间大于 5min，允许在热态时启动 1 次。事故处理或启动时间不超过 2~3s 的电动机可以多启动一次；启动时电动机未转动可多启动一次，第一次间隔时间大于 5min，第二次间隔时间大于 30min。

223. 高压电动机试运中应检查的内容有哪些?

电动机旋转方向应与要求相符合，运转中无杂音，记录启动时间、空载电流、负荷电流、各部温度变化值、各部振动值，检查水冷风冷情况及开关运行状况，滑环及电刷的工作情况应正常。

224. 高压电动机更换新轴承的要求是什么?

要对新轴承进行全面检查，规格型号要与对应装配端所

换轴承相附，轴承滚珠（柱）表面应光滑，无裂纹和锈蚀斑点。轴承内套不应在轴上滑动松脱，轴承外套应均匀地压住滚动轴承的外圈上，应无歪扭现象。对轴承进行转动检查，应灵活无卡阻、无异音。

225. 高压电动机空载试运要求是什么？

（1）电动机在连接负荷前应做空载试验，200kW 及以上的电动机运行 4h，但以轴承温度稳定 0.5h 为标准。

（2）核算额定状态下的功率因数，与电动机铭牌上数值进行对比。

（3）测试电动机的三相空载电流是否平衡，相互差别不大于平均值的 10%。

（4）振动是否超标。

（5）轴承的温度是否过高。

（6）轴承运转是否有异常声音等。

（7）绕线式电动机空转时，应检查电刷有无火花、过热、振动等现象。

（8）当空载电流过大或过小时，应查找原因，予以消除。

226. 鼠笼转子断条有什么危害和特征？

转子断条后有下列症状：

（1）启动转矩降低，严重的不能带负载启动。

（2）满载时，转子发热。

严重断条时会出现：

（1）满载运转时，机身剧烈振动，并有较大噪声。

（2）带负载运行时，电流表指针作周期性摆动。

（3）拆开电动机，在转子断条处有烧黑的痕迹。

227. 电动机绕组为何要浸漆？

电动机绕组浸漆的作用：

（1）提高绝缘材料的耐热。如绕组浸漆后，一般可达F级绝缘标准。

（2）增强防潮和散热能力。未浸漆绕组，匝与铁芯之间都有气隙。浸漆后，空气隙被绝缘漆填塞，防潮、导热（即散热）性能可大大提高。

（3）提高机械强度。未浸漆电动机在启动时，槽内导线会受一定电磁力冲击，时间长了，由于电磁线多次振动摩擦，容易损伤。浸漆后，导线在定子铁芯槽中形成一整体，不易损伤。

228. 为什么温度越高，电动机的绝缘电阻值越低？

电动机的绝缘是纤维性绝缘材质，富有吸湿性，当温度上升时绝缘内的水分即向电场两极伸长，这样在纤维物中呈细长线状的水分粒子就增加了导电性。另外，水分中含有溶解的杂质或绝缘物内含有碱性和酸性物质被水分解，也增加导电率，因而降低了绝缘电阻值。

229. 电动机轴承内油多了好不好？

电动机润滑脂是机油与皂质的混合物，皂质的作用是使混合物固定在使用位置上，机油则起润滑作用，油脂太多了，滚珠将在油脂中不断搅动，温度升高体积膨胀后，除增加摩擦损耗而发热外，还会外溢到电动机绕组上去，对轴承和绕组均有害，所以轴承内的润滑脂不宜太多。但也不能太少，否则轴承会因缺少润滑而很快损坏。

一般新的或修理过的轴承在装油脂时，只需填满一半到2/3的空隙就可以了。

230. 电动机运行时间越长，电动机温度就升得越高，对吗?

这种说法不对。电动机运行几小时后，电动机的温度不再升高，稳定在某一温度下运行。电动机通电运行时，定转子电流在其线圈中产生的铜耗、铁芯中由于磁场交变产生的铁耗以及其他损耗都会产生热量，一部分热量散发到周围大气中去，多余的热量使电动机温度升高。运行一段时间后，由于电动机温度升高散发出去的热量越来越多，最后电动机产生的热量会和散发出去的热量相等，所以继续运行已不会有多余的热量使电动机温度再升高了，也即电动机稳定在某个温度下继续运行了。

231. 连续负荷运转的电动机是否会受潮?

连续负荷运转的电动机，由于内部的损耗要发热，绕组温度常超出环境温度很多，此时绕组不易受潮，且绕组中的潮气还要被驱逐出来，开启式电动机更能将潮气由风带走。因此，负荷运转中电动机通常是不会受潮的。如果电动机是间歇运转的，则在停车后便可能受潮，在潮湿的环境里要使电动机不受潮，必须设法保持绕组的温度高出环境温度5~10℃。

232. 异步电动机启动时电流保护动作是什么原因?

（1）电源缺相或电动机定子绕组断一相。

（2）保护定值设定不合理。

（3）负载过重或传动部分卡死。

（4）定子绕组接线错误。

（5）定子绕组接线或转子绕组有严重短路或接地故障。

233. 高低压电动机绝缘电阻正常值是多少?

额定电压为1000V以下者，绝缘电阻不应低于0.5MΩ；额定电压为1000V以上者，定子绕组的绝缘电阻（包括电缆）不应低于每千伏 1MΩ，绕线式电动机的转子绕组的绝缘电阻不应低于每千伏 0.5MΩ。

234. 电动机应装哪些保护？

中小型电动机装有电流速断、过负荷、欠压、零序过流等保护，大型电动机还装有过电流、过电压、过热、接地、启动时间过长、堵转、差动等保护。

235. 电动机六根引线接错一相，会产生什么现象？

引起电动机过热，转速低，启动电流大而不平衡，声音大。保护设备动作切断电源或造成电动机损坏的严重事故。

236. 简述电动机点动控制原理。

电动机点动控制图如图 1 所示。

（1）元件符号说明：QS——空气开关；KM——交流接触器及辅助触点；SB1——启停按钮；FR——热继电器及辅助触点；FU——控制保险。

（2）启动：将 QS 开关合上，当按下 SB1 按钮，交流接触器线圈 KM 带电，其触点闭合，电动机启动，KM 主触点闭合电动机运转。

（3）停止：松开 SB1 按钮。交流接触器线圈 KM 失电，其主触点打开电动机停止运行。

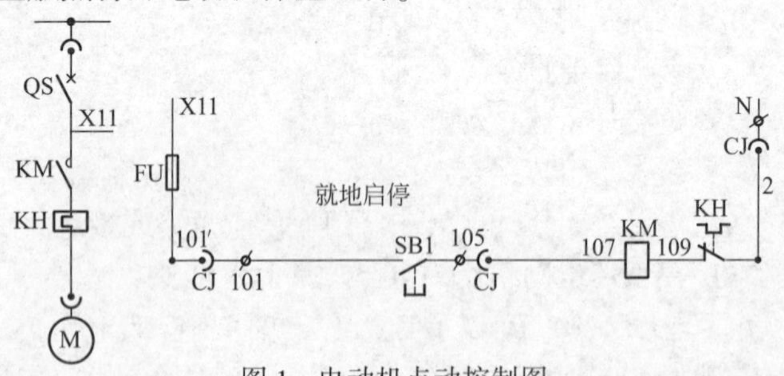

图 1　电动机点动控制图

237. 电动机采用降压启动的目的是什么?

利用启动设备将电压适当降低后加到电动机的定子绕组上进行启动，待电动机启动运转后，再使其电压恢复到额定值正常运转，由于电流随电压的降低而减小，所以降压启动达到了降低启动电流的目的。

238. 电动机常见的降压启动方法有哪些?

（1）定子绕组串接电阻降压启动。

（2）自耦变压器降压启动。

（3）星形—三角形降压启动。

（4）延边三角形降压启动。

（5）变频启动。

（6）软启动。

239. 简述三相异步电动机的单向控制线路。

三相异步电动机的单向控制线路图如图 2 所示。

（1）元件符号说明：QF——开关；KM——交流接触器及辅助触点；SB2——启动按钮；SB1——停止按钮；FR——热继电器及辅助触点；FU——控制保险。

（2）启动：将 QF 开关合上，当按下 SB1，交流接触器线圈 KM 带电，其触点闭合，电动机启动，同时 KM 辅助触点闭合接触器自保，电动机运转。

（3）停止：当按下 SB2 交流接触器线圈 KM 失电，其触点打开电动机停止运行。

（4）短路保护：当电动机定子线圈或开关下侧电缆发生短路故障时，自动空气开关（保险）自动跳开（熔断）电动机停止运行。

（5）过载保护：当电动机发生过载故障时，热继电器动作其触点 FR 打开，使交流接触器线圈 KM 失电，电动机

停止运行。

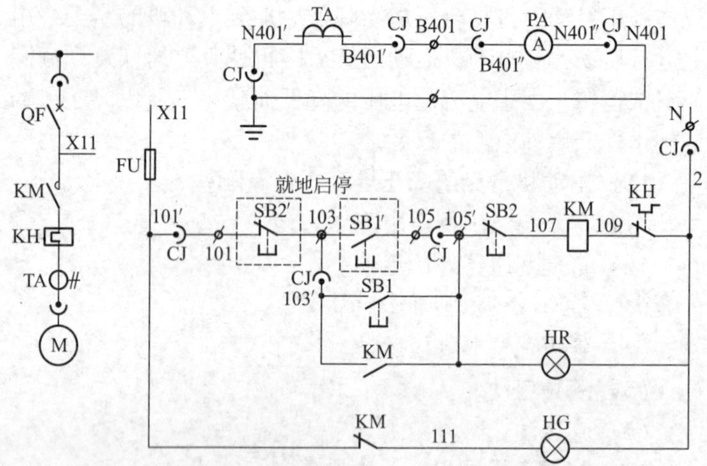

图 2　三相异步电动机单向控制线路图

240. 简述三相异步电动机的正向、反向控制线路。

三相异步电动机的正向、反向控制线路图如图 3 所示。

(1) 元件符号说明：QS——空气开关；KM1——正转交流接触器及辅助触点；KM2——反转交流接触器及辅助触点；SB1——反转启动按钮；SB2——正转启动按钮；SB3——停止按钮；FR——热继电器及辅助触点；FU——控制保险。正反转控制是通过改变三相鼠笼异步电动机定子电源的相序，来改变电动机的转向。

(2) 正转启动：将 QS 开关合上，当按下 SB2，交流接触器线圈 KM1 带电，其触点闭合，电动机启动，同时 KM1 辅助触点闭合接触器自保，电动机运转，启动前 KM2 必须失电，其辅助接点常闭闭合，该常闭点为互锁接点。

(3) 反转启动：当按下 SB1 按钮，交流接触器线圈

KM2 带电，其触点闭合，电动机启动，同时 KM2 辅助触点闭合接触器自保，电动机运转，启动前 KM1 必须失电，其辅助接点常闭闭合，该常闭点为互锁接点。

（4）停止：按下 SB3 按钮，KM1 或 KM2 接触器线圈失电，电动机停止运行。

（5）短路保护：当电动机定子线圈或开关下侧电缆发生短路故障时，自动空气开关自动跳开电动机停止运行。

（6）过载保护：当电动机发生过载故障时，热继电器动作其触点 FR 打开，使交流接触器线圈 KM1 或 KM2 失电，电动机停止运行。

（7）失压保护：接触器本身就具备失压保护功能。当电压低于线圈吸合电压时，接触器自动释放，引起电动机停机。

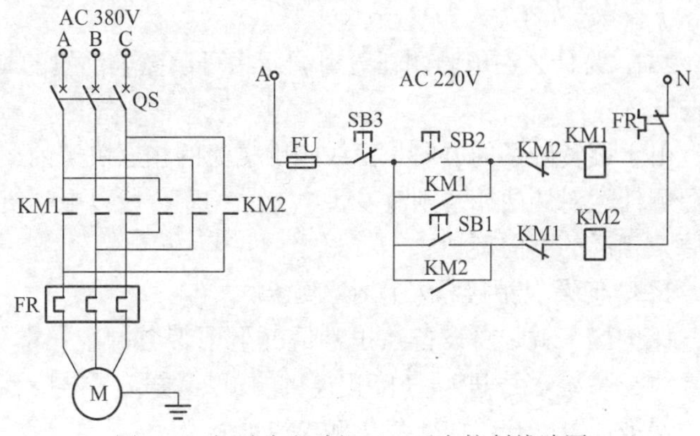

图 3　三相异步电动机正、反向控制线路图

241. 简述电动机串电阻启动原理。

如下图所示：合上电源开关 QS，按下启动按钮 SB1，接触器 KM2 吸合，电动机经串联电阻启动。当电动机启动一定时间，KM2 的辅助接点启动 KT，其延时接点闭合，启动KM1，KM1主接点闭合，将启动电阻短接，启动工作完成（如变压器较小、可用多级电阻启动法启动、绕线式电动机可以用转子串接电阻法启动）。

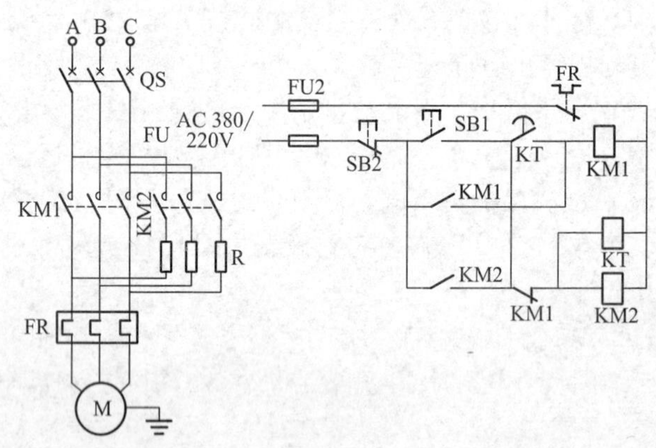

242. 为什么在电源侧任意对调两相可改变电动机的旋转方向？

由于旋转磁场的方向是由线圈中电流的相序决定的，如电源侧任意对调两相，则改变了电流的相序，所以电动机会向原来相反的方向旋转。

243. 何谓保护接零？有什么优点？

保护接零就是将设备在正常情况下不带电的金属部分，用导线与系统零线进行直接相连的方式。采取保护接零方式，保证人身安全，防止发生触电事故。

244. 中性点与零点、零线有何区别？

凡三相绕组的首端（或尾端）连接在一起的共同连接点，称电源中性点。当电源的中性点与接地装置有良好的连接时，该中性点便称为零点。而由零点引出的导线，则称为零线。

245. 低压触电和高压触电哪一种更危险？

多年来触电事故中绝大多数是低压触电。因为人们与低压线路和低压设备接触的机会较多，思想上也不够重视。同时低压触电多数属于电击，触电者神经被麻痹后不能脱离带电体。而高压触电往往是电弧放电，触电者还未完全触及导电部分时，电弧已经形成，触电者在电弧放电情况下由于神经受到刺激而弹开。因此，低压触电事故较多。当然，由于高压的电场范围大，人体虽未触及带电体，但也会引起电弧放电而使人烧死或灼伤。所以，在高压设备附近工作时，要有严格的防护措施，必须注意遵守安全工作制度。

246. 电动机外壳采用接地保护后，能绝对保证人身安全吗？

当电动机绝缘损坏碰壳后，电流在损坏相的碰壳点、电动机接地装置、大地、配电变压器中性点接地装置、配电变压器中性点之间的回路流动，如果此电流能使电动机电源开关的熔断器熔断或开关跳闸，则使机壳切断电源，人碰上机壳就不会触电。但电动机容量较大时，此电流常不足以使熔断器熔断或开关跳闸，此时机壳就带电。有时机壳对地电位可能仍然很高，人碰上机壳也是有危险的。

247. 什么叫工作接地、保护接地、重复接地、接零？

在正常或事故情况下，为保证电气装置可靠运行，必须在电力网上某一点接地，叫工作接地。如变压器线圈的中性点接地，避雷器的接地。

将正常时与带电部分相绝缘的电气装置的金属结构部分接地，叫保护接地。如油开关的金属结构部分接地，电动机外壳的接地。

在 380/220V 系统中，除变压器线圈、发电动机线圈的中性点接地外，在中性线的多点再作接地，叫重复接地。如在低压架空线路终点的中性线接地等。

在380/220V中性点直接接地的系统中，将正常时与带电部分相绝缘的电气装置的金属结构部分，与中性线连接，叫做接零。如电动机外壳与中性线连接。

248. 单相三孔插座和三相四孔插头的接地极，为什么要比工作极做得长而粗？

原因是：（1）使插头的接地极不致错插到插座的带电孔眼中去，只有在正确位置时才能插入插座。（2）使插头插入插座时，首先由较长的接地极接通地线，然后使用电器通电。拔出插头时，先断去电源，然后断去接地线，以达保护的目的。

249. 何谓接地电阻？将接地体埋深一些是否可以降低接地电阻？

接地电阻系指接地体与零电位点（大地）之间土壤电阻、接地线电阻及接地体与土壤接触电阻的总和。由于后两项的值较小，因此，接地电阻应理解主要是土壤电阻。接地体埋深后并不一定能降低接地电阻值。如上所述，接地电阻仅取决于土壤电阻率。但埋深后，可避免土壤电阻率由于季节和气候变化而受到影响（如在冬天，土壤表面冰冻，土壤电阻率特别大，深埋可免去这种影响）。同时若接地体接近地下水面时，由于地层的电阻率减小，接地电阻亦会降低些。此外，当接地体埋深时，沿地面的电流密度较小，因而跨步电压对人畜的危害也较小。

250. 为什么电气设备的接地螺栓不容许喷漆？

电气设备的接地（如变压器、电动机外壳上的接地）是电气设备保护安全用的。若把接地螺栓与设备外表喷漆时也同时喷漆，则使接地螺栓与导线的接触不可靠，失去接地

作用。因此，不允许把接地螺栓喷漆。

251. 人的电阻一般为多少？多少电流对人危险？多少致命？

健康的人当皮肤干燥而又未受到损伤时，人体电阻可达10000~100000Ω，但一般人的电阻以1000Ω为标准。0.05~0.1A电流对人有危险，超过0.1A则可以致命。

252. 为什么高频率的交流电比普通50Hz或60Hz的交流电较为安全？

高频率的交流电有着很显著的集肤效应，于是电流都通过皮肤，不致通过心脏。因此，容易产生皮肤灼伤，不易引起心脏麻痹，所以较为安全。

253. 检修线路时的临时接地线有何作用？为什么采用裸铜线？

临时接地线用来防止停电设备上的突然来电，或由于邻近高压线路的影响而发生感应电压。其截面不应小于$25mm^2$。为了在发生短路时容易发散热量，使其有足够的载流能力及容易检查接地线的好坏情形，所以采用裸铜线。

254. 更换变压器的高压侧熔断丝时，为什么要把三相熔断器全部拉下来？

变压器的高压侧熔断丝熔断时，只取下被熔断的一相是很危险的。因为这时变压器的另两相仍有电流，铁芯中有磁通，由于电磁感应作用，该相仍有高电压产生，容易造成人身触电事故。因此必须把三相熔断器全部拉下来之后方可更换熔断丝。

255. 为何《电力安全工作规程》规定：经传动机构拉合刀闸和开关时，均应戴绝缘手套？

刀闸或开关的机械传动机构都与变电站接地网相连。在进行倒闸操作时，操作人员手握操作手柄，站在刀闸或开关旁，如果这时刀闸或开关的绝缘瓷瓶或套管有损坏，带电部分对地击穿放电，电流将沿传动机构泄入大地，有一个较高的对地电压。因传动机构接地点与操作人员的立脚点不在同一电位上，所以操作人员的手与脚之间受到相当大的接触电压而触电。为此《电力安全工作规程》中规定应戴绝缘手套。

256. 爆炸危险场所，电气设备接地时应注意什么？

爆炸危险场所，电气设备的接地电阻值除满足不大于4Ω的要求外，要特别注意牢固连接，并且与接地体之间要有良好的金属连接，避免产生火花，引燃爆炸物。

257. 常用的电气设备中有哪些设备必须装设接地？

接地是为了防止漏电，保护人身安全。电气装置及设备凡是由于绝缘受到破坏而可能带电的金属部分都需要接地。根据有关规定，电气设备的接地范围如下：

必须有工作接地的设备有：

(1) 变压器、发电动机、静电电容器的中性点。

(2) CT、PT的二次线圈。

(3) 避雷器的底盘。

必须进行保护接地的设备有：

(1) 支撑绝缘子、穿墙套管、高压熔断器、高压断路器、隔离开关、刀开关的底座。

(2) 变压器、发电机、电动机、静电电容器的外壳、电器、电缆的金属外皮。

(3) 配电屏、开关柜、控制屏、配电箱的金属构件。

(4) 室内外支撑电器设备的金属构架及钢筋混凝土构架上的金属部分。

258. 接地装置运行中应做哪些检查？

为了保证接地装置可靠地运行，应依据季节情况及时地做好接地电阻测试和外露部分检查，这种检查应每年一次，检查的主要内容为：

（1）测试接地电阻值是否合乎要求。

（2）接地连接线有没有折断、腐蚀和损伤。

（3）接地支线和干线连接是否完善。

（4）接地导线的截面是否合乎规定要求。

（5）接地螺栓处是否刷漆、锈蚀。

（6）连接体搭接面是否开焊、松动。

259. 应采用保护接地或接零的电气设备金属外壳部分有哪些？

（1）电动机、变压器、电器及其操作机构。

（2）电力电缆的终端头和中间头的金属外壳和电缆的金属外皮。

（3）配电盘、控制屏及变电所的金属构架及金属遮栏。

（4）电缆、电线的金属保护管和母线的外罩，保护网。

（5）电焊用变压器、互感器、局部照明变压器的二次线圈。

（6）照明灯具的金属底座和外壳。

（7）避雷针、避雷器保护间隙。

（8）架空地线及架空线路的金属杆塔。

（9）移动或手持电动工具。

260. 保护接零的作用，原理及适用场合有哪些？

保护接零就是将电气设备在正常情况下不带电的金属外壳与零线相连接，在1000V以下中性点直接接地的供电系统中，一般不采用保护接地而采用保护接零。

采取保护接零，是为了保证人身安全，防止发生触电事故在接零的系统中，如有电气设备发生一相碰壳故障时，形成一个单相短路回路，这个回路不包括接地装置的接地电阻，所以电流很大，保证以最短的时间使熔断丝熔断，或使继电保护装置动作。

261. 对保护零线的要求有哪些？

（1）保护零线应单独敷设，并在首端、末端和中间处作不少于三处的重复接地，每处重复接地电阻值不大于10Ω。

（2）保护零线仅作保护接零之用，不得与工作零线混用。

（3）保护零线上不得装设控制开关和熔断器。

（4）保护零线应为具有绿/黄双色标志的绝缘线。

（5）保护零线截面应不小于工作零线截面。架空敷设时，采用绝缘铜线，截面积应不小于10mm^2，采用绝缘铝线时，截面积应不小于16mm^2；电气设备的保护接零线应为截面积不小于2.5mm^2 的多股绝缘铜线。

262. 防爆电气设备安装应注意什么？

在防爆场所装设的电气设备通常有防爆按钮、防爆开关、防爆灯、防爆电动机和防爆配电箱等，无论哪种设备，在安装时都应注意：

（1）严格密封，使爆炸混合物不会与易产生火花的带电部分接触，避免爆炸。

（2）要求所有带电接触点或机械摩擦部分，在正常运转时不致产生火花而爆炸，因此所有电气接头必须牢固接触，并采取防松措施，如采用防松螺帽、止退弹簧垫等，为保证设备的密封性能，对其进线必须按要求做好密封，出线

口不出线时应用堵头堵死。

（3）隔爆接合面禁止刷漆和增加橡胶垫。

（4）防爆电气设备金属外壳应做可靠接地。

263. 低压电气设备安装要求是什么？

（1）低压电器应按水平或垂直安装，特殊形式的低压电器应按制造厂的规定安装。

（2）低压电器应装牢固、整齐，其位置要考虑操作、检修的方便，震动场所安装低压电器时，应有防震措施。

（3）在有易燃、易爆、腐蚀性气体的场所，应采用防爆型低压电器。

（4）在多灰尘和潮湿场所以及在人易碰触和露天场所，应采用封闭型低压电器，如采用开启式的应加保护。

（5）一般情况下，低压电器的静触头应接电源，动触头接负荷。

（6）低压电器各接触面上的保护油层应清除，消弧罩应完整齐全。

（7）低压电器的操作手柄距地面一般为 1~1.4m，传动机构灵活可靠。

（8）安装低压电器的盘面上，应标明所带设备名称及回路编号。

264. 如何检查照明线路的漏电现象？

照明线路漏电现象有 3 种：（1）火线与零线之间的漏电。（2）火线与地线之间的漏电。（3）混合漏电。通常可以在线路上接一块电流表或利用电度表来检测。首先，确定是否漏电，可以取下灯泡或其他用电设备，经测试，回路仍然有电流，说明线路有漏电。然后确定漏电的性质，此时应切断零线，若电流指示不变，则说明火对地漏电；若电流表指示偏小，则说明是火对地、火对零都有漏电即混合漏电。然后，可以根据上述方法，并采用优选法，逐步确定漏损点，以便采取措施予以清除。

265. 何为导线安全电流？导线最高允许温度是多少？何为导线过负荷，有何危害？

导线允许连续通过而不至于使导线过热的电流量叫安全电流。导线最高允许温度：铜线80℃，铝线90℃，钢线为125℃，流过导线的电流超过安全电流称为导线过负荷。当线路过负荷时，温度升高会使导线的连接处发生氧化，增加接触电阻，进而又使温度升高，导线继续氧化，反复循环导致连接处损坏，除此之外，由于温度升高，加速了绝缘老化、变质，降低了绝缘性能。

266. 常见的操作过电压在什么情况下发生？

操作过电压在下列情况下发生：

（1）开断电容器组或空载长线路。

（2）开断空载变压器或电抗器（包括消弧线圈、变压器、电弧炉、同步电动机等）。

（3）在中性点不接地的电力网中，一相间歇性电弧接地。

267. 什么叫做非线性电阻？阀型避雷器的电阻为什么要用非线性元件？

在电流变化时，电阻值不是固定不变，也不是按直线变化的电阻元件，称为非线性电阻。阀型避雷器的电阻片，要求在大量雷电流通过时电阻很小，这样一方面使雷电流顺利泄放，使避雷器的残压降低到最低点，另一方面通过工频小电流时，电阻较大，则可限制工频续流值，使火花间隙能很容易地把续流切断，恢复避雷器的正常运行。

因为阀片电阻值的变化不是按直线变化，所以称为非线性元件。

268. 有避雷针保护的变电所是否可以不要避雷器？

不行，因避雷针只能保护直接雷击，因避雷器是保护感应雷击，因此必须二者都要，才能得到良好的防雷效果。

269. 避雷针表面可以涂漆吗？

为了防止锈蚀，应当在避雷针表面涂漆或镀锌。避雷针的保护作用在于把雷电引向自身，然后把雷电流导入大地。雷电电压可高达10000kV，在这样高的电压下，薄薄的一层油漆对电流的通过不会起阻碍作用。

270. 为什么规程规定旋转电动机的防雷保护，不仅要用避雷器，还要加装电容器？

由于制造工艺的影响，一般旋转电动机的绝缘水平是较低的，特别是线圈匝间绝缘。加装电容器是为了降低雷电波的陡度，避免匝间绝缘的击穿。

271. 为什么要将避雷器接地线、变压器外壳及低压侧中性线等三点连接在一起？

当三点连接在一起时，在避雷器放电时，高压线端对变压器外壳、高压线圈对低压线圈等都仅是避雷器的残压，可以保证高压套管、高压线圈与外壳、高压线圈与低压线圈间的绝缘不被击穿损坏。

272. 为什么电路中接上电容器后，电流较未接电容器时少，而电压又较高些？

因运行中的电气设备均有阻抗，当电流通过这个阻抗时即要引起电压降。其中有相位滞后的无功电流，当电路中接上电容器后，由于相位超前的无功电流抵消了部分的相位滞后的无功电流，所以总电流必然要减少。由于流经线路的无功分量减少，电路中的电压降也要较前减少，所以电压会较未接电容器时高些。

273. 为什么高压电力电容器接成并联补偿使用时，每一个电容器都要装熔断器?

电力电容器在运行中要承受系统电压，如个别电容器质量不良，就会发生击穿现象。此时如不将此电容器迅速从运行系统中断开，则其他的电容器将通过这个损坏的电容器大量放电，可能引起爆炸和着火，因此电容器组中每一个电容器都应单独用熔断器来保护。

274. 为什么电力电容器切除后不能立即投运?

电力电容器和电力系统解列后，电力电容器便成了一个单独的电源。这个电源是静电电荷，不能和系统并列。同时，电力电容器每拉合一次，在每极便产生较高的电压，当拉开后马上再合上，就可能产生电压的重叠，会使电力电容器击穿。因此，电力电容器切除后必须经过放电，才能投运。

275. 采用并联补偿电容器进行无功补偿作用有几种?

(1) 补偿无功功率，提高功率因数。

(2) 提高设备出力。

(3) 降低功率损耗和电能损失。

(4) 改善电压质量。

276. 电容器组有哪些保护? 作用是什么?

(1) 电容器单台熔断丝保护，能迅速切除故障电容器。

(2) 过电流保护，防止短路故障扩大和防止过负荷。

(3) 过电压保护，防止运行系统过电压危害电容器组安全。

(4) 低电压保护，防止空载变压器与电容器组同时合

闸时，产生工频过电压和振荡过电压对电容器的危害，同时防止短时失电后，突然来电，造成电容器未经放电投运。

(5) 不平衡电压、电流保护，防止因三相电容值不平衡而产生电压、电流不平衡。

277. 电容器为什么要加装放电装置?

电容器从电源断开时，两极处于储能状态。电容器整组从电源断开后，储存电荷的能量是很大的，因而电容器两极上残留一定电压，残留电压的初始值为电容器组的额定电压。电容器组在带电荷的情况下，如果再次合闸投入运行，就可能产生很大的冲击合闸涌流和很高的过电压。如果电气工作人员触及电容器，就可能被电击伤或电灼伤。为了防止带电荷合闸及防止人身触电伤亡事故，电容器组必须加装放电装置。

278. 电容器组运行有哪些规定?

(1) 电容器长期运行电压不应超过 1.1 倍额定电压，电流不应超过 1.3 倍额定电流（制造厂规定除外），三相电流偏差不应超过±5%，否则应汇报调度，停止运行，查明原因。

(2) 电容器故障跳闸后，在未查明原因前，严禁强送电，以防充电状态的电容器产生较大涌流和过电压，将事故扩大。

(3) 电容器有膨胀、过热、漏油严重及绝缘老化等问题，应停止其运行。

(4) 电容器拉闸后投入运行前，应经过 5min 以上的自放电，禁止带电荷合闸，严禁同时投停两组电容器。

(5) 当母线电压消失时，电容器应退出运行，防止主变压器空充电容器产生高电压或电容器与变压器的电抗回路产生谐振过电压，对母线设备及电容器造成损坏。

(6) 在母线停电操作时，应先停电容器，再停线路及其他开关。

(7) 在检修时，应在电容器侧装设接地线放电，更换电容器保险时，应将整组及该电容器多次放电后方可进行。

279. 新装并联电容器组投入运行前应进行哪些检查?

(1) 新装电容器组投入运行前应按交接试验项目试验，并合格。

(2) 电容器及放电设备外观检查良好，无渗、漏油现象。

(3) 电容器组的接线正确，电压应与电网额定电压相符合。

(4) 电容器组三相间的容量应平衡，其误差不得超过一相总容量的5%。

(5) 各接点应接触良好，外壳及构架接地的电容器组与接地网的连接应牢固可靠。

(6) 放电电阻的阻值和容量应符合规程要求，并经试验合格。

(7) 与电容器组连接的电缆、断路器、熔断器等电气元件应经试验合格。

(8) 电容器组的继电保护装置应经校验合格，定值正确并置于投入运行位置。

(9) 此外，还应检查电容器安装处所的建筑结构，通风设施是否合乎规程要求。

(10) 火灾报警系统试验完好。

280. 并联电容器的常见故障如何处理?

(1) 电容器外壳渗、漏油不严重可将外壳渗、漏处除锈、焊接、涂漆。

（2）电容器漏油严重时，应及时更换电容器。

（3）外壳膨胀应更换电容器。

（4）室温过高，应改善通风条件。

（5）电容器绝缘子出现闪络放电，应进行停电清扫，若故障未消除，则更换电容器。

281. 电容器在运行中产生不正常的“咕咕”声是什么原因？

电力电容器在运行中不应该有特殊声响，出现“咕咕”声说明内部有局部放电现象发生，主要是内部因绝缘介质电离而产生空隙，这是绝缘击穿的先兆，应该停止运行，进行检查修理。

282. 电容器发生哪些情况时应立即退出运行？

（1）套管闪络或严重放电。

（2）接头过热或熔化。

（3）外壳膨胀变形。

（4）内部有放电声及放电设备有异响。

283. 有时电灯不亮，取下灯泡用验电笔测灯座的两个灯脚时，为什么却都有电？

其原因是零线断线。当零线一点断线时，用验电笔测火线显然有电。而测零线时，由于火线与零线之间存在分布电容，可用等效电容代替，因此就在零线产生所谓“感应电”而使测电笔发光。

284. 电源开关为什么必须接在火线上？接到零线上有何危害？

开关装在火线上，其目的是当电路断开时，灯头不带电，做到预防触电，否则接在零线上，开关断开后灯头仍有电，易发生触电事故。

285. 零线为什么不能装保险？

若在零线上装设保险或开关，当开关拉开或保险熔断时，电气设备接零失效，易造成人身触电。另外，在三相四线制中，零线断开会导致三相负载不平衡，而将灯或设备烧毁。

286. 安装日光灯时应注意哪些事项？

配线必须正确，各接头牢固可靠，并应附有良好的绝缘。禁止用导线代替吊链，电源线不得受力，日光灯的镇流器应安装在便于检查的地方，如果安装在靠近易燃物质时，必须用不可燃物质将镇流器隔开。

287. 照明灯使用时应注意哪些事项？

照明灯使用时应注意：

（1）使用时灯泡电压应与电源电压相符。为使灯泡发出的光能得到很好的分布和避免光线刺眼，最好根据照度要求安装反光适度的灯罩。

（2）大功率的照明灯在安装使用时要考虑通风良好，以免灯泡过热而引起玻璃壳和灯头松脱。

（3）灯泡使用在室外时应有防雨设备，以免灯泡玻璃遇雨破裂，而使灯泡损坏。

（4）室内使用的灯泡，要经常清扫灯泡和灯罩上的灰尘和污物，以保持清洁和亮度。

（5）照明灯泡的拆换和清扫工作，应关闭电灯开关，注意不要触及灯座接口部分，以免触电。

288. 照明灯如何安装？

照明灯的安装如图 4 所示。开关一定要安装在相线上，当开关断开时开关以下就不会带电，较为安全。使用螺口式灯泡时，应把零线接在螺栓口上，相线接在灯头顶部的电极上，以防螺口带电。

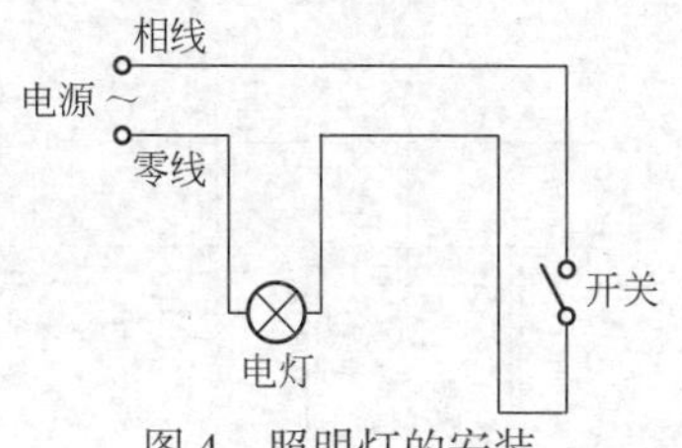

图 4 照明灯的安装

安装两盏以上的电灯时，电路需要分出支路。一般可以从挂线盒、开关等处分支，也可以从导线破皮分接如图 5 所示。破皮分接时，先剥去接头处导线的绝缘外皮，并将芯线打磨干净。然后将相接的导线线芯相互紧密缠绕，要求接触面积大，接线牢固，如有条件用焊锡进行焊接加固。这样才能使接头处的接触电阻小和具有一定机械强度。最后，还要用绝缘胶带严密包裹，不使芯线外露，保证安全。

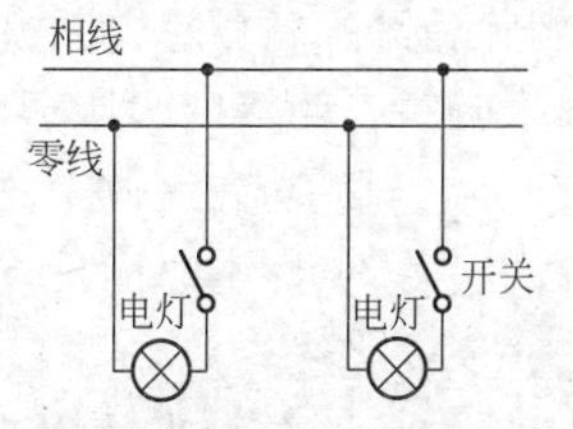

图 5 导线破皮分接示意图

破皮接线法的缺点，在于年长日久之后接头因松脱或因导线表面氧化造成接触不良，电流通过时因接触电阻很大，在接头处大量发热，甚至有引起火灾的危险。

避免上述缺点的方法，是采用直接接线法。接线的方式如图 6 所示。但采用这个方法需要耗用的导线较多。

安装完成后，应开灯进行检查。如果灯泡完好，就应检查电源是否有电，电压是否正常，开关、灯座等处有无接触不良或损坏等。

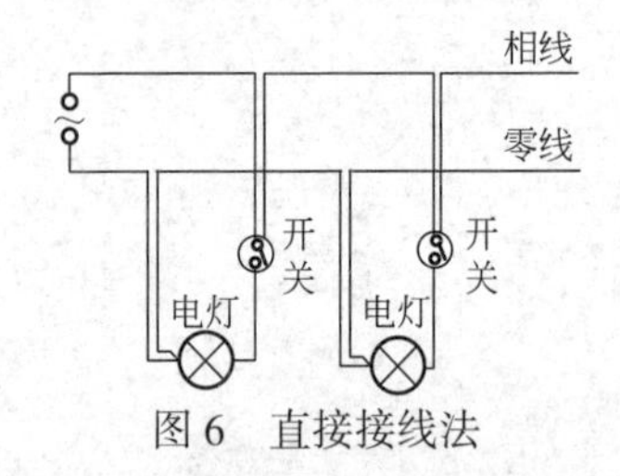

图 6　直接接线法

289. 日光灯是怎样发光的？由哪些部件组成？

日光灯工作原理：当接通电源时，启辉器就发光放电导通，将灯管内的两组灯丝接通，电流把灯丝加热，发射出大量电离子。启辉器放电时，因双金属片受热膨胀，使两金属片相互接触，启辉器放电熄灭，双金属片因冷却回缩而随即断开。由于双金属片的突然断开，导致电流突然变化，于是在镇流器两端产生开路脉冲高电压，使管内的氩气电离。氩气放电后，灯管温度升高，使管内水银蒸发压力上升，由于电子撞击水银蒸气，从灯管内氩气放电过渡到水银蒸气放电。放电时辐射出肉眼看不见的紫外线，激励管壁上的荧光粉，使它发出像日光似的光线。

日光灯（即荧光灯）具有发光效率高、使用寿命长的优点，因此，在电气照明中广泛应用。它由灯管、镇流器、启辉器三个主要部件及灯座、启辉器座等组成。

290. 电源电压过高或过低时，对日光灯管的使用寿命有何影响？

当电源电压过高时，会使流过灯管的电流增大，这时虽然提高灯管的发光亮度，但相应的造成灯管寿命急剧缩短。而当电源电压较低时，虽然流过灯管的电流减小会使灯管寿命延长，但电源电压过低时，流过灯管的电流必然减小，这

时由于灯丝得不到应有的预热温度而造成启动困难。启动时势必增加对阴极灯丝的轰击次数而造成灯丝上的发射物质飞溅，这同样使灯管寿命缩短。

291. 照明电器附件的安装有哪些要求？

（1）各种附件的安装高度应符合设计要求，一般拉线开关距地 2.5m，明装插座为 1.8m，暗装插座为 0.3m，明装和暗装扳把开关距地面为 1.4m，各种开关、插座等的安装要牢固，位置准确。

（2）安装扳把开关时，其开关方向应一致，一般扳把向上为“合”，向下为“断”。插座的接线孔要有一定的排列顺序。

①单相两孔插座：在两孔垂直排列时，相线在上孔，零线在下孔。水平排列时相线在右孔，零线在左孔。

②单相三孔插座：保护接地在上孔，相线在右孔，零线在左孔。

③三相四孔插座：保护接地在上孔，其他三孔按左、下、右为 A、B、C 三相线。

292. 一只开关控制一盏灯，两只开关控制一盏灯怎样接线？

（1）一只单联开关控制一盏灯，如图 7 所示。应注意在接线时，电源的相线应接在开关上，这样在开关切断电源后，灯头上没有电，以利于安全。

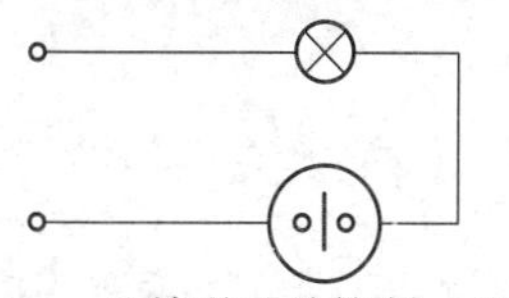

图 7　一只单联开关控制一盏灯

（2）两只双联开关在两个地方控制一盏灯，如图 8 所示。这种控制方式，通常用于楼梯上的电灯，在楼上、楼下都能控制，或者在走廊中的电灯，在两头都可控制。

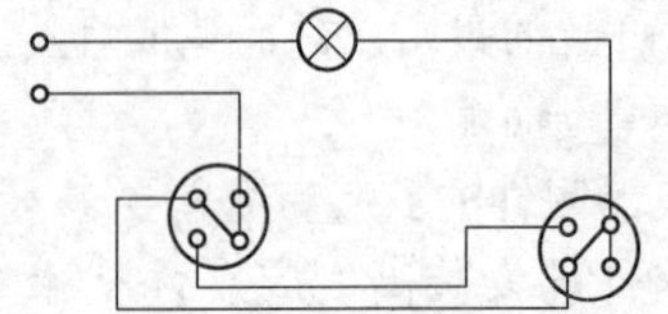

图 8　两个串联开关在两个地方控制一盏灯

293. 直流系统由哪些部分组成？

（1）蓄电池。

（2）为电池充电的充电动机（电源模块）。

（3）为充电动机供电的交流部分。

（4）将电池电能转换为适合直流电压的直流母线。

（5）按照用电部分的要求分配支流电的馈电部分。

（6）控制充电过程和保证系统的正常运行监控和报警部分。

294. 直流系统在变电所中所起的作用是什么？

在变电所中，直流系统在正常情况下为控制信号、继电保护、自动装置、断路器跳合闸操作回路等提供可靠的直流电源，当交流电源失电情况下为操作电源、事故照明、交流不停电电源和事故润滑油泵等提供直流电源。直流系统可靠与否对发电厂和变电所的安全运行起着至关重要的作用，是安全运行的保证。

295. 变电所直流系统分成若干回路供电，各个回路不能混用，为什么？

在直流系统中，各种负荷的重要程度不同，所以一般按用途分成几个独立的回路供电。直流控制及保护回路由控制母线供电，开关合闸由合闸母线供电。这样可以避免相互影响，便于维护和查找、处理故障。

296. 查找直流接地的注意事项有哪些？

（1）查找接地点禁止使用灯泡寻找的方法。

（2）用电压表检查时所用电压表的内阻不应低于2000Ω。

（3）当直流系统发生接地时禁止在二次回路上工作。

（4）处理时不得造成短路或另一点接地。

（5）查找和处理必须由两人进行。

（6）试拉回路开关查找接地故障点前，应采取必要措施防止直流失压可能引起的保护装置误动。

297. 直流系统发生正极接地和负极接地时对运行有何危害？

直流系统发生正极接地时，有可能造成保护误动，因为电磁机构的跳闸线圈通常都接于负极电源，倘若这些回路再发生接地或绝缘不良就会引起保护误动作。直流系统负极接地时，如果回路中再有一点接地时，就可能使跳闸或合闸回路短路，造成保护装置和断路器拒动，烧毁继电器，或使熔断器熔断。

298. 直流接触器的检修与调整的内容有哪些？

（1）用毛刷清除灰法。

（2）灭弧罩应完整，其卡簧应能可靠夹住，弧角与静触头应有1~2mm间隙。

299. 蓄电池定期充放电的意义是什么？

蓄电池定期充放电也叫核对性放电，浮充电方式运行的蓄电池应定期（每年不少于一次或按生产厂家规定）进行核对性放电。在核对性放电中，较大的充放电反应可以使蓄电池极板的有效物质得到均匀活化，从而保证蓄电池有效容量、延长蓄电池使用寿命。另外通过检查蓄电池容量，可以及时发现老化电池。

300. 何谓蓄电池的自放电？它有何危害？

充足电的蓄电池虽未经使用，但经过一定时期后也失去电量，此现象称为蓄电池的自放电。蓄电池的自放电会使极板硫化。

301. 蓄电池充电完毕，为什么要先切断充电电源，再取下电池端头上的夹钳？

蓄电池充电进行到一定程度时，电池开始冒气，并逐渐加剧。这是电流对电解液的电解作用而产生出氢气和氧气。如果室内空气中的氢气达到约4%时，遇到火焰或电火花，就会着火引起爆炸。因此，充电室内要有良好的通风设备，以便及时排出一定量的氢气、氧气两种气体。同时，一定要遵守操作规程，先切断充电的电源，然后再取下电池端头夹钳，这样就可以避免带电切断电路而产生的电火花，防止空气中的氢气爆炸。

302. 什么叫浮充电？

浮充电是蓄电池组的一种充放电工作方式，采用充电设备与蓄电池组并联的方式。平时直流负载较小而电源线路电压较高时，由充电设备承担直流负荷，此时即便蓄电池组已经充满了电，充电设备将仍继续以较小的电流向蓄电池组进行浮充电，以补偿蓄电池的自放电损耗，蓄电池组处于充电状态。当直流负载较大或交流电源发生意外中断时，蓄电池组则进行放电，分担部分或全部负载。采用浮充电工作方式时，蓄电池经常处于充满电的状态，可随时满足短时负荷。因此浮充电工作方式具有管理维护量小、可靠性高的优点。

303. 固定用铅酸蓄电池，除经常进行浮充电外，为什么还要定期进行均衡充电？

蓄电池会产生自放电，为补充蓄电池的自放电损失，

采用浮充电，使蓄电池经常保持满足负荷要求的容量，保证有可靠的直流电源。但在长期运行中，每个蓄电池的自放电是不一样的，而浮充电流是相等的，这样就会出现部分蓄电池处于欠充电状态。为此一般每隔 1~3 个月对蓄也池进行一次均衡充电，即将浮充电流增大，使蓄电池电压保持在 13.5~13.8V，即可恢复正常的浮充电方式运行。

304. 为什么铅蓄电池的放电电流越大，电池的输出容量值（安培小时）越小？

当蓄电池的放电电流越大时，蓄电池内正负极板上的活性物质化学反应越激烈，极板表面活性物质的孔隙会更快地被生成的硫酸铅堵塞，极板内层的活性物质不能较彻底地参加化学反应，利用率就低了，因此蓄电池的实际输出容量就越小了。以 GGF—300 固定型防酸隔爆式铅蓄电池为例，按规定指标，用 30A 电流放电，可以连续放电 10h，输出容量为 30A×10h=300A·h。若用 135A 电流放电时，仅能连续放 1h，输出容量为 135A×1h=135A·h，仅是 30A 放电时容量的 45%。

305. 为什么在同一只箱中或同一间室内，不能同时安装酸蓄电池和碱蓄电池？

因酸的蒸气对碱蓄电池有破坏作用，而碱的蒸气对酸蓄电池同样有破坏作用。特别是碱蓄电池，即使仅有少量的酸进入电池中，就可能会毁坏电极板和电池槽。因此酸、碱蓄电池总是隔离分开安装。

306. 蓄电池室中能采用铝母线吗？

不能，蓄电池室中的母线必须采用扁铜母线或圆铜母线而不能采用铝母线。这是因为铝母线虽然在空气中不会受腐蚀但铝对酸或碱的抵抗力很弱，所以在容易受到酸或碱侵蚀的蓄电池室中，不适用铝母线。

307. 新旧电池可混合使用吗?

新电池的一部分能量将会消耗到旧电池上，一般不混合使用。

308. 对并联电池组的电池有什么要求?

并联电池中各电池的电动势要相等，否则电动势大的电池会对电动势小的电池放电，在电池组内部形成环流。另外，各个电池的内阻也应相同，否则内阻小的电池的放电电流会过大。新旧程度不同的电池不宜并联使用。

309. 蓄电池在运行中极板硫化有什么特征?

(1) 充电时冒气泡过早或一开始充电即冒气泡。

(2) 充电时电压过高，放电时电压降低于正常值。

(3) 正极板呈现褐色带有白点。

310. 蓄电池日常维护工作有哪些项目?

(1) 清扫灰尘，保持室内清洁。

(2) 及时检修不合格的老化电池。

(3) 消除漏出的电解液。

(4) 定期给连接端子涂凡士林。

(5) 定期进行蓄电池的充放电。

(6) 记下蓄电池的运行状况。

311. 自动重合闸为什么只采用一次重合或二次重合，而不采用多次重合?

在线路发生短暂性故障，而这种故障在短路后很快自动消除时，利用自动重合闸可尽快恢复送电，减少用户的损失。但如果故障是永久性的，则不应再送电。因此一次二次重合不上，就不再继续重合，继续重合永久性的故障，将对

电力系统造成大电流冲击，对开关本身会加速损坏，甚至发生事故。因此，多次重合是不能容许的。

312. 中央信号装置有几种？各有何用途？

中央信号装置有事故信号与预告信号两种。事故信号的用途是：当断路器动作于跳闸时，能立即通过蜂鸣器发出音响，并使断路器指示灯闪光。而预告信号的用途是：在运行设备发出异常现象时，能使电铃瞬时或延时发出音响，并以光字牌显示异常现象的内容。

313. 信号为什么要自保持？

因为信号动作是靠冲击继电器以脉冲电流启动的，为使冲击继电器能够重复动作，要求继电器启动后立即返回，准备再次动作。由此可见，若不加自保持回路，当继电器返回后，信号也随之消失，因此为使信号可靠发出，不受冲击继电器的影响应在信号回路加自保持。

314. 掉牌未复归信号的作用是什么？

掉牌未复归灯光信号，是为使值班人员在记录保护动作情况的过程中，不发生遗漏造成误判断，应注意及时复归信号掉牌，以免出现重复动作，使前后两次不能区分。

315. 红绿信号灯的作用是什么？

红灯主要用作断路器的合闸指示，同时可用来监视跳闸回路的完整性；绿灯主要用作断路器的分闸指示，它可用来监视合闸回路的完整性。

316. 变电所的光字牌哪些在试验时亮？哪些不亮？什么原因？

凡是接于瞬时或延时动作信号回路的光字牌，试验时均亮，例如，各级电压的电源中断，交流接地，变压器瓦斯信号，直流电压过高或过低等。凡是未接于瞬时或延时动作信号回路的光字牌，因正常时只是接一个负极电源，故在试验时不亮，例如重合闸动作信号等。“掉牌未复位”光字牌有的接于预告信号回路，试验时亮，未接入的则不亮。

试验时亮灯的所有信号发生异常时伴随有铃响。反之铃不响。重合闸动作之后，如果重合闸成功并不希望发出音响信号，故其动作光字牌不接预告信号小母线，而直接接在该线路的信号负极电源小母线上。

317. 预告信号哪些接瞬时？哪些接延时？

发生异常情况需要及时告知值班员的信号应接于瞬时，如各级电压的电源中断、交流接地、主变压器瓦斯信号、温度信号、各级电压的电压闭锁、断线闭锁、二次回路熔断丝熔断等。为了防止可能误发信号，或瞬时性故障而不需要通知值班人员的异常现象应接于延时的预告信号，如主变压器过负荷信号、直流系统一点接地、直流电压过高或过低等。

318. 继电保护装置有什么作用？

继电保护装置能反应电气设备的故障和不正常工作状态，自动迅速地、有选择性地动作于断路器将故障设备从系统中切除，保证无故障设备继续正常运行，将事故限制在最小范围，提高系统运行的可靠性，最大限度地保证向用户安全、连续供电。

319. 继电保护的四个特性是什么？

（1）选择性。

（2）快速性。

（3）灵敏性。

（4）可靠性。

320. 什么是继电控制电路？它有哪些特点？

继电控制电路是一种接点电路，将许多有触点的电器按

照一定的逻辑关系连接起来，能够实现一种特定的开关量控制。

特点：结构简单，造价低，抗干扰能力强，能完成一些生产过程中自动化比较简单的动作要求，但由于触点控制，而且触点较多，给接线带来不少困难，因触点易损坏，造成失灵，会影响系统的可靠性。另外，这些装置的灵活性较差，是采用一种固定的接线。当工艺变更时，就需要重新配线或重制控制屏，装置专一，不易搞备用，设计制造周期长。

321. 常用的继电保护装置中有哪些继电器？各起什么作用？

常用的继电器装置有信号继电器、电流继电器、时间继电器、电压继电器、中间继电器、差动继电器等。

作用如下：

（1）信号继电器：用于各种保护和自动电路中，作为动作信号指示装置。

（2）电流继电器：用于保护电动机、变压器与输电线路的过载短路保护或自动电路中，作为电流控制元件。

（3）时间继电器：用于各种自动控制系统中，作为辅助元件的动作延时或定时控制。

（4）电压继电器：用于各种电路中，作为电压升高或降低，电压消失时的保护元件。

（5）中间继电器：用于各种电路中，作为辅助元件以增加主继电器的接点数量或触点容量。

（6）差动继电器：用于保护变压器及交流发电动机、电动机的内部故障。

322. 防跳跃继电器起什么作用？

防跳跃继电器在回路中主要起防止合闸时，由于其他原因产生的开关合上、跳开的重复现象。

323. 什么叫定时限继电器?

继电器动作时间和短路电流的大小无关，达到继电器动作电流和时间继电器的动作时间就动作，采用这种动作时限方式的继电器称为定时限继电器。

324. 什么叫反时限继电器?

反时限继电器的动作时间与短路电流的大小有关。当动作电流大时，动作时间就短，反之则动作时间长。

325. 什么叫延时电流速断保护?

延时速断保护也称略带延时限速断保护。它可以弥补瞬时保护不能保护线路全长的特点，一般与瞬时速断保护配合使用，其特点是能够保护线路的全长，与定时限过电流保护装置基本相同，所不同的是其动作时间比定时限过电流保护的整定的时间短。

326. 什么叫电压速断保护?有何用途?

所谓电压速断保护装置是根据故障时电压下降这一特征设计的一种保护装置。当线路发生故障时，电压将会急剧下降，当电压降到预先整定的数值时，低压继电器动作，并跳开断路器，将故障迅速切除，此种保护叫低压速断保护。一般用于电流速断保护不能满足灵敏度高的场合，这是因为发生短路故障时，被保护处母线上的残余电压的变化比流过保护的短路电流变化大，故在许多情况下均采用电压速断保护。

327. 为什么有过电流保护需加装低电压闭锁?

过流保护启动电流是按照超过最大负荷电流而整定的。为了防止保护装置误动作，整定值应大于允许的负荷电流。但有的线路若按此整定启动电流时，则灵敏度难以满足要求。为了提高这种情况下的灵敏度，利用线路短路时母线电

压会急剧下降，而过负荷时母线电压降低较小的特点，采用低电压闭锁保护，如有些特殊情况下，最大负荷电流会大于末端最小短路电流，此时，如提高启动电流整定值，就满足不了灵敏度的要求，如加装低压闭锁装置，就会避免过负荷而误动，因为过负荷只是电流增大，而电压是基本不变的，这时虽然过流启动，而低电压保护不动，就不会使整套装置动作于跳闸，从而达到闭锁的作用，这样既防止误动作，又能满足灵敏度的要求。

328. 什么叫电流、电压联锁速断保护，它有何特点？

当与母线连接的任一线路发生短路时，母线上的电压都要降低。这样，与母线相连的各线路电压速断装置的电压继电器将会启动，将不能保证其选择性。

为了保证选择性，可以加装电流继电器为保护元件，并将其接点与电压继电器接点相串联，则虽然线路的电压继电器启动，但由于没有短路电流流过继电器，所以电流继电器不启动，这样保护装置不能作用于跳闸，从而引起闭锁作用。

329. 什么是零序电流保护，现在何处有用此保护的？

利用接地时产生的零序电流使保护动作的装置叫零序电流保护，是电缆线路上或零母线上采用专门的零序电流互感器来实现的接地保护。将零序电流互感器套在三芯电缆上或零母线上，电流继电器接在互感器二次线圈上，在正常运行或无接地故障时，由于三相电流向量和为零，零序互感器二次线圈的电流也为零，故继电器不动作。当发生接地故障时，零序互感器二次线圈将出现较大的电流，继电器动作以便发出信号或切除故障。

330. 过流保护的动作原理是什么？

电网中发生相间短路故障时，电流会突然增大，电压突然下降，过流保护就是按线路选择性的要求，整定电流继电器的动作电流的。当线路中故障电流达到电流继电器的动作值时，电流继电器动作按保护装置选择性的要求，有选择性的切断故障线路。

331. 哪些电动机应装设过载保护？

（1）生产过程中容易发生过载的电动机，保护装置应根据负载特性，带时限的动作于信号、跳闸或自动减载。

（2）启动或自启动条件不好的电动机，需要防止启动时间过长，保护应带时限动作与跳闸，但其时间应避开电动机正常启动时间。

332. 在什么情况下将断路器的重合闸退出运行？

（1）断路器的遮断容量小于母线短路容量时，重合闸退出运行。

（2）断路器故障跳闸次数超过规定，或虽未超过规定，但断路器严重喷油、冒烟等，经调度同意后应将重合闸退出运行。

（3）线路有带电作业，当调度员命令将重合闸退出运行。

（4）重合闸装置失灵，经调度同意后应将重合闸退出运行。

（5）新投运的线路在冲击送电时。

333. 自动重合闸装置的基本要求是什么？

（1）由值班人员人为操作断路器不应动作。

（2）值班人员操作断路器合闸，由于线路上有故障，引起断路器随即跳闸，自动重合闸不应动作。

（3）除了上述两种情况之外，当断路器由于继电保护动作，或者因其他原因而跳闸时，都应动作。

（4）对于同一次故障，自动重合闸的动作次数应符合预先的规定。如一次重合闸就应只动作一次。

（5）自动重合闸动作之后，应能自动复归，以备下一

次线路故障时再动作。

（6）当断路器处于不正常状态时，重合闸应退出运行。

334. 什么叫距离保护？

距离保护是指利用阻抗元件来反应短路故障的保护装置，阻抗元件的阻抗值是接入该元件的电压与电流的比值：$U/I=Z$，也就是短路点至保护安装处的阻抗值。因线路的阻抗值与距离成正比，所以叫距离保护或阻抗保护。

335. 指示断路器位置的红灯、绿灯不亮，对运行有什么影响？

（1）不能正确反映断路器的跳、合闸位置，故障时易造成误判断。

（2）如果是跳闸回路故障，当发生事故时，断路器不能及时跳闸，会扩大事故。

（3）如果是合闸回路故障，会使断路器事故跳闸后不能自动重合或自投失败。

（4）跳闸、合闸回路故障均不能进行正常操作。

336. 更换断路器的红灯泡时应注意哪些事项？

（1）更换灯泡的现场必须有两人。

（2）应换用与原灯泡同样电压、功率、灯口的灯泡。

（3）如需要取下灯口时，应使用绝缘工具，防止将直流短路或接地。

337. 继电保护装置在新投入及停运后投入运行前应做哪些检查？

（1）查阅继电保护记录，保证合格后才能投运并掌握注意事项。

（2）检查二次回路及继电器应完整。

（3）标识清楚正确。

338. 何种故障瓦斯保护动作？

（1）变压器内部的多相短路。

（2）匝间短路，绕组与铁芯或外壳短路。

（3）铁芯故障。

（4）油面下降或漏油。

（5）分接开关接触不良或导线焊接不牢固。

339. 什么是变电站综合自动化？

变电站综合自动化是变电站二次设备经过功能的组合和优化设计利用计算机技术、信号处理技术等实现对全变电站的主要设备和输电线路、配电线路的自动监视、测量、保护以及调度通信等综合性能的自动化系统。

340. 变电站综合自动化系统一般由哪些部件构成？

变电站综合自动化系统一般由就地测控装置、以太网交换机、通信管理机、事故音响装置、监控主机、显示器、打印机、后台监控软件等部分构成。

341. DX5000 监控系统中，常见的历史报文有哪些？

（1）控制回路断线告警。

（2）PT 断线告警。

（3）CT 断线告警。

（4）3 U0 越限告警。

（5）电动机启动时间过长保护动作。

（6）装置整组启动。

（7）相间Ⅰ段动作。

（8）相间Ⅱ段动作。

342. 什么是控制回路断线告警，造成控制回路断线告警原因有哪些？

当保护装置既采不到开关在跳位的状态，也采不到

开关在合位时的状态，告警显示，此时不能进行分合闸操作。

发生控制回路断线告警原因有：

（1）装置操作电源断开，装置面板上分合闸位置指示灯均不亮。

（2）手车未摇到位置。

（3）开关未储能。

（4）开关直流动力插件未插或未插好。

（5）断路器的跳合闸线圈烧损。

343. 引起 3 U0 越线告警的原因有哪些？

（1）当母线单相接地时电压测控装置报此信号。

（2）当电压互感器一次熔断丝熔断时报此信号。

（3）当母线电压三相相序不对时报此信号。

344. 历史报文中，TWJ、HWJ 分别代表什么意思，它们与断路器位置有什么关系？

TWJ 代表跳闸位置继电器，一般并接于合闸回路。HWJ 代表合闸位置继电器，一般并接于跳闸回路。

TWJ=1 代表断路器处于分位，HWJ=1 代表断路器处于合位。

345. 在事件报文中，SOE 状态指的是什么，它和遥信变位状态有何区别？

SOE 记录为事件顺序记录，当电力设备（如断路器、手车位置、接地刀、刀闸、KK 开关位置等）发生变位时，保护会自动记录；而遥信是保护装置通过规约处理方式，将遥信传送至后台。SOE 信号与遥信信号记录内容相同，不同的是 SOE 信号是反映电力设备实时状态，而遥信信号通过规约，显示时间比 SOE 信号延迟。

346. 什么是装置整组启动保护动作？日常检查应注意什么？

一个完整的保护动作报文，第一条报文都是装置整组启动保护动作，最后一条报文都是装置整组启动保护返回。装置整组启动动作并非是真正的保护动作，而是保护装置的幅值满足定值的90%或是幅值满足但延时时间不够，发出的保护预警动作。

当偶尔出现装置整组启动动作，瞬间保护返回时，值班人员观察此回路是否负荷出现异常，若无异常，可能是瞬间的波动导致；若某一条回路频繁出现装置整组启动保护动作、保护返回时，值班人员应该汇报调度，调度派相关人员到现场查看回路是否存在不安全现象。

347. 无法从监控后台界面进行远方遥控开关，如何解决？

(1) 首先查看装置通信状态表，看看你所遥控的线路的保护装置的通信状态是否正常（绿色表示正常，红色表示通信中断）。

(2) 如果为绿色，表示通信正常，此时你就可以点击“保护设备”任意选一项进行上装，如果上装不了，表示网络处于繁忙状态。

(3) 如果为红色，表示通信中断，检查网络，如果网络确实已经断开，此时就需要查网络的线路问题。

348. 警铃和电笛响后无法通过监控界面上的“复归”按钮消除，如何解决？

正常不能进行复归就是因为通信管理机的原因或者后台和通信管理机不通，如果后台和通信管理机通信没有问题而不能进行复归的话，这就说明通信管理机的软件程序有一定的问题，需要对软件进行修改。

349. 后台里的装置通讯状态表全变成红色，如何解决？

（1）先检查各个装置的通信是否正常。

（2）然后重新启动后台，刷新数据。

（3）如果仍未恢复正常，需重启网络交换机。

做完以上三个步骤仍未恢复正常，就是通信线路或通信设备的问题，须请专业人员进行排查。

350. 监控系统会自动退出监控界面，如何解决？

如果发生这种情况，一般是外挂智能模块与监控系统之间的通信出现了问题。出现了这个问题应检查其他智能模块是否有数据线连接到监控系统的计算机主机上，如果有，可以先拔掉试试看能否消除此种现象。

351. 运行灯闪烁，而液晶出现黑屏，如何解决？

先把“保护跳闸”硬压板解开，然后把装置电源重启一次，然后再把“保护跳闸”硬压板投上。

352. 装置能采集到功率，而却没有测量电压和测量电流，如何解决？

解开“保护跳闸”硬压板，然后重新启动装置电源，待观察所有数据都正确之后再把“保护跳闸”硬压板投上，问题就可以解决。

353. 遥控开关有可能出现的问题及注意事项。

（1）操作不被允许。

如果操作人员在遥控开关进行“遥控选择”的时候没有选择成功，而是出现“操作不被允许”，这种情况有可能是该回路的装置远方/就地开关打在“就地”位置了，因为保护装置在“就地”位置时是闭锁远方操作的。操作人员可以到现场查看“远方/就地”开关的状态，也可以从监控后台查看。

(2) 选择失败。

如果操作人员在进行“遥控选择”的时候没有选择成功，而是出现“选择失败”，这种情况有可能是该回路的保护装置通信没有通上的原因，操作人员可以通过召唤该保护装置的定值来判断该保护装置的通信情况。

(3) 等待执行超时。

如果操作人员在遥控开关进行“执行”的时候被别的事情或其他什么原因耽误没有及时点击“执行”按钮时，系统会报出“等待执行超时”，这种情况用户只需再重新开始操作即可。

(4) 执行超时。

如果操作人员在遥控开关时出现执行超时，操作人员碰到这种情况时，可能会出现两种结果：遥控开关成功或遥控开关不成功。操作人员可以到现场查看开关的状态，如果遥控开关不成功，建议可以查开关的操作回路是否有掉线或虚接的地方。如果遥控开关已经成功，而是开关变位后只是在监控界面上没看到相应的变位，这种情况有可能是该回路保护装置的检修状态压板在投入状态。

354. 监控后台里的“报表”的某个时间点的量突然没有传送上来，如何解决？

如果出现这种状况，变电所相关技术人员要先跟厂家沟通、说明情况，然后在厂家技术人员的指导下进行重新启动监控后台，重启网络管理机等操作，直至问题消除。

355. 什么原因会造成异步电动机的空载电流过大？

(1) 电压太高。当电源电压太高时，电动机铁芯会产生磁饱和，导致空载电流过大。

(2) 电动机因维修后装配不当或空气间隙过大。

(3) 定子绕组匝数不够或星型接线接成角接。

(4) 对于一些电动机，由于硅钢片老化，使磁场强度减弱或电源绝缘损坏而造成电流太大。

356. 什么是变频调速?

由电动机转速 $n=60f_1(1-S)/P$ 知，改变加在定子绕组上的三相电源的频率 f_1，电动机转速跟着变化，这种利用改变电源频率来改变电动机转速的方式称变频调速，变频调速是最有发展前途的一种交流调速方式。

变频电源的主电路多数采用交—直—交电路。它包含整流器、中间滤波环节及逆变压器等 3 部分组成。整流器的作用是将恒压恒频的交流电变换为直流电，逆变器是将直流电调制为频率可变化的交流电，是变频器的主要部分。中间滤波环节是对经整流后的直流电进行滤波。

357. 磁电式仪表的刻度为什么是均匀的? 而电磁式仪表的刻度是不均匀的?

磁电式仪表是由永久磁铁和能转动的线圈构成的。因为永久磁铁的磁场是恒定的，指针的偏转角只与通过线圈的电流成正比，所以，刻度与电流成正比例，因而是均匀的。

电磁式仪表是由不动的线圈与连在指针轴上的可动铁芯片组成的。指针的偏转角正比于电流平方，因此仪表刻度盘是不均匀的。

358. 为什么很多电动式，电磁式仪表的测量机构分成两个部分?

这是为了提高仪表精度，仪表的两个部分的磁场对外界而言是大小相等方向相反，这样就可以抵消外界的均匀磁场对仪表的影响，对外界的不均匀磁场也有一定程度的防避作用。

359. 电度表的铝盘为什么不能用铁铜等材料？

电度表接入电路后，电流线圈与电压线圈所产生的两个磁通形成了磁场，这个磁场在铝盘上感应出涡流，由于涡流与磁通作用，就使铝盘上产生一定方向的转动力矩。如果用铁盘，则因铁的导电性差，感应涡流小，产生的转动力矩也小，同时，铁盘会因磁滞效应使它的转动快慢不能随负荷的大小及时改变。并且铁的比重比铝大，会加剧轴尖的磨损。所以不能用铁盘代替铝盘。铜盘导电、不导磁，性能虽与铝相似，但它的比重比铝大，会加剧轴尖的磨损，故也不用铜盘代替铝盘。

360. 用钳型电流表测量低压导线电流时，为什么靠近电流互感器时指针会升高？

因为靠近电流互感器处，电流互感器有一漏磁通，钳型电流表的铁芯受到漏磁的影响，电流表次级线圈感应电流增加，所以指针会升高。

361. 万用表在使用中应注意哪些事项？

（1）选好测试位置，将仪表放平衡。

（2）调整零点，即调整旋钮使指针归零位，在测电阻时应先切断电源并充分放电。

（3）根据被测电源选择量程，使选择的量程开关位置和测量目的一致，如果被测情况不明时，量程应调大些，以保测试安全，测电流电压时，绝不能用电阻挡测量，以免烧坏仪表。

（4）测直流时，应事先弄清电路中的正负极，以防接反，如果不清楚，可以把量程放到最大，快速地向被测电路试一下，根据表针摆方向判断正误。

(5) 用完后应将选择拨到空挡，如果无空档应拨至交流电压的最大位置。

362. 使用兆欧表测量电气设备绝缘电阻时应注意什么?

(1) 测量前须先切断设备电源，对有电容、电感性的设备必须先充分放电。

(2) 表的引线绝缘必须良好，这可通过测前的开路试验和短路试验检查：开路，表针应指“∞”，短路指“0”。

(3) 测电容性与电感性设备时，读数后，必须在转动时拆线。

(4) 雷雨天禁止测输电线路绝缘，必要时应穿好绝缘靴、戴好绝缘手套等。

363. 测二次回路的绝缘应使用多大的兆欧表? 绝缘标准是多少兆欧?

测二次回路的绝缘电阻值最好是使用1000V兆欧表，如果没有1000V的也可用500V的兆欧表。

其绝缘标准：运行中的不低于1MΩ，新投入的，室内不低于20MΩ，室外不低于10MΩ。

364. 电能表和功率表指示的数值有哪些不同?

功率表指示的是瞬时的发电设备、供电设备、用电设备所发出、传送和消耗的电功数。而电能表的数值是累计某一段时间内所发出、传送和消耗的电能数。

365. 电气设备在耐压试验时，为什么要求耐压值比额定电压值高?

电气设备在安装前都应该进行一次耐压试验，并且其耐压值比设备的额定电压值高。

(1) 为了保证设备正常安全运行，其耐压值应有安全系数。

（2）在交流工频下使用的设备，额定电压值是指有效值，而最大值等于有效值的 1.414 倍。

（3）考虑到操作过电压和大气过电压的数值是很高的。因此，在耐压试验时其耐压值必须比设备额定电压高。

366. 高压电动机停运多长时间启动前应测量绝缘电阻？用多少伏兆欧表？多少欧姆合格？

高压电动机停运 24h 后，启动前应测量绝缘电阻，高压电动机用 2500V 兆欧表或 1000V 兆欧表，测低压电动机用 500V 兆欧表，高压每千伏绝缘电阻不能低于 1MΩ，低压电动机不低于 0.5MΩ。

367. 常用的绝缘安全工器具试验周期是多少？

试验周期为六个月的有：

（1）绝缘手套。（2）绝缘靴。（3）绝缘绳。

试验周期为一年的有：

（1）绝缘杆。（2）绝缘隔板。（3）绝缘垫。（4）绝缘夹钳。（5）验电器。（6）核相器。

试验周期为五年的有：

（1）携带型短路接地线。（2）个人保安线。

二、HSE 知识

（一）名词解释

1. 可燃气体： 指能够与空气（或氧气）在一定的浓度范围内均匀混合形成预混气，遇到火源会发生爆炸燃烧、燃烧过程中释放出大量能量的气体。

2. 有毒气体： 顾名思义，就是对人体产生危害，能够致人中毒的气体。

3. 爆炸： 在周围介质中瞬间形成高压的化学反应或状态变化，通常伴有强烈放热、发光和声响。

4. 防爆电器： 指存在有爆炸危险性气体和蒸气的场所采用的一类电气设备。

5. 静电： 对观测者处于相对静止的电荷。静电可由物质的接触与分离、静电感应、介质极化和带电微粒的附着等物理过程而产生。

6. 接地： 指与大地的直接连接，电气装置或电气线路带电部分的某点与大地的连接，电气装置或其他装置正常时不带电部分某点与大地的人为连接都叫做接地。

7. 单独接地： 就是用电器的接地线不与其他电器的地线合用。

8. 等电位线接地： 将分开的装置、导电物体用等电位连接导体或电涌保护器连接起来以减小雷电流在它们之间产生的电位差。

9. 保护接零： 把电工设备的金属外壳和电网的零线可靠连接，是保护人身安全的一种用电安全措施。

10. 燃烧： 在周围介质中瞬间形成高压的化学反应或状态变化，通常伴有强烈放热、发光和声响。

11. 闪燃： 在周围介质中瞬间形成高压的化学反应或状态变化，通常伴有强烈放热、发光和声响。

12. 闪点： 在规定的试验条件下，可燃性液体或固体表面产生的蒸气在试验火焰作用下发生闪燃的最低温度。

13. 自燃点： 在规定的试验条件下，不用任何辅助引燃能源而达到引燃的最低温度。

14. 着火： 可燃物在与空气共存的条件下，当达到某一温度时，与着火源接触即能引起燃烧，并在着火源离开后仍能持续燃烧，这种持续燃烧的现象叫着火。

15. 爆炸极限： 由外界点燃源引起爆炸性气体或蒸气、可燃性粉尘与空气形成的混合物发生爆炸的浓度极限。

16. 火灾： 在时间和空间上失去控制的燃烧。

17. 高处作业： 在距坠落高度基准面2m及以上有可能坠落的高处进行的作业。坠落高度基准面是指可能坠落范围内最低处的水平面。

18. 动火作业： 在具有火灾爆炸危险性的生产或施工作业区域内能直接或间接产生明火的各种临时作业活动。

19. 特种作业： 指容易发生人员伤亡事故，对操作者本人、他人的生命健康及周围设施的安全可能造成重大危害的作业。

20. 挖掘作业： 在生产、作业区域使用人工或推土机、挖掘机等施工机械，通过移除泥土形成沟、槽、坑或凹地的挖土、打桩、地锚入土作业；或建筑物拆除以及在墙壁开槽打眼，并因此造成某些部分失去支撑的作业。

21. 危险化学品： 具有毒害、腐蚀、爆炸、燃烧、助燃等性质，对人体、设施、环境具有危害的剧毒化学品和其他化学品。

22. 进入受限空间作业： 在生产或施工作业区域内进入炉、塔、釜、罐、仓、槽车、烟道、隧道、下水道、沟、坑、井、池、涵洞等封闭或半封闭，且有中毒、窒息、火灾、爆炸、坍塌、触电等危害的空间或场所的作业。

23. 危险化学品重大危险源： 长期地或临时地生产、加工、使用或储存危险化学品，且危险化学品的数量等于或超过临界量的单元。

24. 安全仪表： 是指保障安全生产，防止发生火灾爆炸

事故及人身中毒、窒息伤亡事故所用的仪表，主要有可燃气体检测报警器、有毒有害气体检测报警器、空气中氧含量检测报警器、烟火报警器等。

25. 安全生产：通过人—机—环的和谐运作，使社会生产活动中危及劳动者生命和健康的各种事故风险和伤害因素始终处于有效控制的状态。

26. 安全火花：是指该火花的能量不足以引燃周围可燃性物质。

27. 安全火花型防爆仪表：是指在正常状态和事故状态下产生的火花均为安全火花仪表。

28. 安全标志：是用以表达特定安全信息的标志，通常由图形符号、安全色、几何形状（边框）或文字构成。

29. 劳动保护：是指根据国家法律、法规，依靠技术进步和科学管理，采取组织措施和技术措施，消除危及人身安全健康的不良条件和行为，防止事故和职业病，保护劳动者在劳动过程中的安全与健康。

30. 安全生产责任制：是明确企业各级负责人、各类工程技术人员、各职能部门和生产中应负的安全职责的制度。

31. 点火源：使物质开始燃烧的外部热源（能源）。

32. 绝缘：用绝缘材料阻止导电原件之间的电传导。

33. 漏电保护：也叫剩余电流保护，是对漏电或触电事故作快速反应的保护方式。

（二）问答

1. 在安全生产工作中，通常所称的“三违”，是指哪“三违”？

违章指挥、违章操作、违反劳动纪律。

2. 事故按其性质分为哪几类？

事故按其性质分为：工业生产安全事故、道路交通事故、火灾事故和环境保护事故。

3. 什么是“四不伤害”？

不伤害自己，不伤害他人，不被他人伤害，保护他人不受伤害。

4. 火灾分为哪几类？

（1）A类火灾：指固体物质火灾，这种物质通常具有有机物质，一般在燃烧时能产生灼热灰烬，如木材、棉、毛、麻、纸张火灾等。

（2）B类火灾：指液体火灾和可熔化的固体物质火灾，如汽油、煤油、柴油、原油、甲醇、乙醇、沥青、石蜡火灾等。

（3）C类火灾：指气体火灾，如煤气、天然气、甲烷、乙烷、丙烷、氢气火灾等。

（4）D类火灾：指金属火灾，如钾、钠、镁、铝镁合金火灾等。

（5）E类火灾：指带电火灾，是物体带电燃烧的火灾，如发电动机、电缆、家用电器等。

（6）F类火灾：指烹饪器具内烹饪物火灾，如动植物油脂等。

5. “安全标志”是怎样规定的？

安全标志的分类为禁止标志、警告标志、指令标志和提示标志四大类型。

禁止标志：是禁止人们不安全行为的图形标志。禁止标志的几何图形是带斜杠的圆边框，其中圆边框与斜杠相连，用红色；图形符号用黑色，背景用白色。

警告标志：是提醒人们对周围环境引起注意，以避免可

能发生危险的图形标志。警告标志的几何图形是黑色的正三角形、黑色符号和黄色背景。

命令标志：是强制人们必须做出某种动作或采用防范措施的图形标志。命令标志的几何图形是圆形，蓝色背景，白色图形符号。

提示标志：是向人们提供某种信息（如标明安全设施或场所等）的图形标志。提示标志的几何图形是方形，绿色、红色背景，白色图形符号及文字。

6. 安全色分别是什么颜色？含义又各是什么？

GB 2893—2008《安全色》国家标准中采用了红、黄、蓝、绿 4 种颜色为安全色。这 4 种颜色有如下的含义：

（1）红色传递禁止、停止、危险或提示消防设备、设施的信息；

（2）蓝色传递必须遵守规定的指令性信息；

（3）黄色传递注意、警告的信息；

（4）绿色传递安全的提示性信息。

7. 消除静电危害的措施有哪些？

消除静电危害的措施大致可分为 3 类：

第 1 类泄漏法：静电接地、增湿、加入抗静电剂等都属于这种方法。

第 2 类中和法：主要采用各种静电中和器中和已经产生的静电，以免静电积累。

第 3 类工艺控制法：即在材料选择、工艺设计、设备结构等方面采取的消除静电的措施。

8. 消除静电的方法有哪些？

（1）静电接地。接地是消除静电危害最简单、最基本的方法。主要用来消除导电体上的静电，而不宜用来消除绝缘体上的静电。

（2）增湿。增湿就是提高空气的湿度以消除静电荷的积累。有静电危险的场所，在工艺条件允许的情况下，可以安装空调设备、喷雾器或采用挂湿布条等办法，增加空气的相对湿度。

（3）加抗静电添加剂。抗静电添加剂是特制的辅助剂。一般只需加入千分之几或万分之几的微量，即可显著消除生产过程中的静电。

磺酸盐、季铵盐等可用作塑料和化纤行业的抗静电添加剂；油酸盐、环烷酸盐可用作石油行业的抗静电添加剂；乙炔碳墨等可用作橡胶行业的抗静电添加剂等。

采用抗静电添加剂时，应以不影响产品的性能为原则。还应注意防止某些添加剂的毒性和腐蚀性。

（4）静电中和器。静电中和器是借助电力和离子来完成的。按照工作原理和结构的不同，大体上可分为感应式中和器、高压中和器、放射线中和器和离子流中和器。

（5）工艺控制法。工艺控制是指从工艺上采取适当的措施限制静电的产生和积累。

工艺控制的方法很多，主要有以下几种：①适当选用导电性较好的材料；②降低摩擦速度或流速；③改变注油方式（如装油时最好从底部注油，或沿罐壁注入）和注油管口的形状；④装设松弛容器；⑤消除油罐或管道中混入的杂质；⑥降低爆炸性混合物的浓度。

9. 仪表检修工作中常见危险源及预防措施有哪些？

（1）危险源：高处作业造成坠落。

预防措施：使用合格的登高工具；系好安全腰带；专人监护。

（2）危险源：物料吸入中毒。

预防措施：戴防毒口罩；戴防护面罩；站在上风处作业。

（3）危险源：高温烫伤。

预防措施：劳保着装，袖口扎紧；高温部分用挡板隔离；温度降至室温以后再检修。

（4）危险源：高压物料喷溅伤人。

预防措施：用泄压阀泄压；戴防护面罩；避免直接面对泄压孔。

（5）危险源：触电。

预防措施：熟练掌握线路电气性质，判断电压高低；先停电、验电、挂牌再检修；检修部分与不停电部分用绝缘材料隔离。

10. 检修隔爆型仪表应注意哪些问题？

（1）拆卸时应注意保护隔爆螺纹及隔爆平面，不得损伤及划伤，特别是隔爆平面不允许有纵向划痕。

（2）在拆卸橡胶密封元件时，不得用尖锐器械硬撬、硬砸，不得在其密封面上有任何纵向划痕。

（3）装配时，应按装配顺序进行，各防松件、坚固件不得漏装。锈蚀及损坏的元件应及时更换。

（4）老化、损伤及不起密封作用的橡胶密封元件也要及时更换。

（5）仪表定期检修后，需经确认防爆性能已得到复原后，方可重新投入使用。

11. 在爆炸危险场所进行仪表维修时，应注意哪些问题？

应经常进行检查维护，检查时，应察看仪表外观、环境（温度、湿度、粉尘、腐蚀）、温升、振动、安装是否牢固等情况。

对隔爆型仪表，在通电时进行维修切不可打开接线盒和观察窗，需开盖维修时必须先切除电源，绝不允许带电开盖维修。

维修是不得产生冲击火花，所使用的测试仪表应为经过鉴定的隔爆型或本安型仪表，以避免测试仪表引起诱发性火花或把过高电压引向不适当部位。

12. 在爆炸危险场所安装仪表时有哪些要求？

必须具有经国家鉴定的“防爆合格证”和“出厂合格证”，安装前应检查其规格、型号必须符合设计要求。

在爆炸危险场所可设置正压通风防爆的仪表箱，内装非防爆型仪表及其他电气设备，仪表箱的通风管必须保持畅通，在送电以前，应通入箱体积 5 倍以上的气体进行置换。

爆炸危险场所 1 区的仪表配线，必须保证在万一发生接地、短路、断线等事故时，也不致形成点火源。因而电缆、电线必须穿管敷设，采用耐压防爆的金属管，穿线保护管之间以及保护管与接线盒、分线箱、拉线盒之间，均应采用圆柱管螺纹连接，螺纹有效啮合部分应在 5~6 扣以上。需挠性连接时应采用防爆挠性连接管。

在 2 区内的仪表配线，一般也应穿管，但只是为了保护电缆、电线的绝缘层不受外伤。

汇线槽、电缆沟、保护管穿过不同等级的爆炸危险场所分界线时，应采取密封措施，以防止爆炸性气体从一个危险场所串入另一个危险场所。

保护管与现场仪表、检测元件、电气设备、仪表箱、分线箱、接线盒、拉线盒等连接时，应在连接处 0.45m 以内安装隔爆密封管件，对 2in 以上的保护管每隔 15m 应设置一个密封管件。

13. 什么是仪表的防爆？仪表引起爆炸的主要原因是什么？

仪表的防爆是指仪表在含有爆炸危险物质的生产现场使用时，防止由于仪表的原因（如火花、温升）而引起的爆炸。

仪表引起爆炸的原因主要是由于火花。例如继电器的接点在吸合或断开时会产生火花，在异常情况下，仪表变压器温升过高，局部发热，引起其他元件短路或开路也产生火花，当这些火花产生的同时，现场含有爆炸物质达到爆炸界限时就会引起爆炸。因此凡防爆现场应采用防爆仪表，并有良好的接地和接零措施。

14. 防爆电气设备的标志是如何构成的？

防爆电气设备的标志应包含：制造商的名称或注册商标、制造商规定的型号标识、产品编号或批号、颁发防爆合格证的检验机构名称或代码、防爆合格证号、Ex 标志、防爆结构型式符号、类别符号、表示温度组别的符号（对于Ⅱ类电气设备）或最高表面温度及单位℃，前面加符号 T（对于Ⅲ类电气设备）、设备的保护等级（EPL）、防护等级（仅对于Ⅲ类，例如 IP54）。

表示 Ex 标志、防爆结构类型符号、类别符号、温度组别或最高表面温度、保护等级、防护等级的示例：ExdⅡBT3Gb 表示该设备为隔爆型“d”，保护等级为 Gb，用于ⅡB类 T3 组爆炸性气体环境的防爆电气设备。

15. 如何使用手提式干粉灭火器？

（1）迅速提灭火器至着火点的上风口。

（2）将灭火器上下颠倒几次，使干粉预先松动。

（3）除去铅封，拔下保险销。

（4）站在火源的上风向，一只手握住喷嘴，另一只手紧握压把，用力下压，干粉即从喷嘴喷出。

（5）喷射时，将喷嘴对准火焰根部，左右摆动，由近及远，快速推进，不留残火，以防复燃。

16. 触电事故有哪些种类？

（1）按照触电事故的构成方式，触电事故可分为电击和电伤。电击是电流对人体内部组织的伤害，是最危险的一种伤害，绝大多数的死亡事故都是由电击造成的。电伤是由电流的热效应、化学效应、机械效应等对人体造成的伤害。

（2）按照人体触及带电体的方式和电流流过人体的途径，电击可分为单相触电、两相触电和跨步电压触电。

17. 触电急救中，脱离电源的方法是什么？

对于低压触电事故，可采用下列方法使触电者脱离电源。

（1）如果触电地点附近有电源开关或电源插销，可立即拉开开关或拔出插销，断开电源。但应注意到拉线开关和平开关只能控制一根线，有可能切断零线而没有断开电源。

（2）如果触电地点附近没有电源开关或电源插销，用有绝缘柄的电工钳或有干燥木柄的斧头切断电线，断开电源，或用干木板等绝缘物插到触电者身下，以隔断电流。

（3）当电线搭落在触电者身上或被压在身下时，可用干燥的衣服、手套、绳索、木板、木棒等绝缘物作为工具，拉开触电者或拉开电线，使触电者脱离电源。

（4）如果触电者的衣服是干燥的，又没有紧缠在身上，可以用一只手抓住他的衣服，拉离电源。但因触电者的身体是带电的，其鞋的绝缘也可能遭到破坏。救护人不得接触触电者的皮肤，也不能抓他的鞋。

对于高压触电事故，可采用下列方法使触电者脱离电源。

（1）立即通知有关部门断电。

（2）带上绝缘手套，穿上绝缘靴，用相应电压等级的绝缘工具按顺序拉开开关。

（3）抛掷裸金属线使线路短路接地，迫使保护装置动作，断开电源。

（4）注意抛掷金属线之前，先将金属线的一端可靠接地，然后抛掷另一端；注意抛掷的一端不可触及触电者和其他人。

18. 发生触电事故后，怎样对症急救？

当触电者脱离电源后，应根据触电者具体情况，迅速对症救护。现场应用的主要救护方法是人工呼吸和胸外心脏挤压法。

对于需要救治的触电者，大体按以下 3 种情况分别处理：

（1）如果触电者伤势不重，神志清醒，但有些心慌、四肢发麻、全身无力，或者触电者在触电过程中曾一度昏迷，但已经清醒过来，应使触电者安静休息，不要走动。严密观察并请医生前来诊治或送往医院。

（2）如果触电者伤势重，已失去知觉，但还有心脏跳动和呼吸，应使触电者舒适、安静地平卧，周围不围人，使空气流通，解开他的衣服以利呼吸。如天气寒冷，要注意保温，并速请医生诊治或送往医院。如果发现触电者呼吸困难、微弱，或发生痉挛，应随时准备好当心脏跳动或呼吸停止时立即作进一步的抢救。

（3）如果触电者伤势严重，呼吸停止或心脏跳动停止或二者都已停止，应立即施行人工呼吸和胸外心脏挤压，并速请医生诊治或送往医院。应当注意，急救要尽快地进行，不能等候医生的到来。在送往医院的途中，也不能中止急救。如果现场仅一个人抢救，则口对口人工呼吸和胸外心脏挤压应交替进行，每次吹气 2~3 次，再挤压 10~15 次。而且吹气和挤压的速度都应比双人操作的速度提高一些，以不降低抢救效果。

19. 电流对人体的作用有哪些?

电流对人体的作用指的是电流通过人体内部对于人体的有害作用，如电流通过人体时会引起针刺感、压迫感、打击感、痉挛、疼痛乃至血压升高、昏迷、心律不齐、心室颤动等症状。电流通过人体内部，对人体伤害的严重程度与通过人体电流的大小、持续时间、途径、种类及人体的状况等多种因素有关，特别是和电流大小与通电时间有着十分密切的关系。

(1) 电流大小。通过人体的电流大小不同，引起人体的生理反应也不同。对于工频电流，按照通过人体的电流大小和人体呈现的不同反应，可将电流划分为感知电流、摆脱电流和致命电流。

①感知电流，就是引起人的感觉的最小电流。人对电流最初的感觉是轻微麻抖和轻微刺痛。经验表明，一般成年男性为 1.1mA，成年女性约为 0.7mA。

②摆脱电流，是指人体触电以后能够自己摆脱的最大电流。成年男性的平均摆脱电流为 16mA，成年女性约为 10.5mA，儿童的摆脱电流比成年人要小。应当指出，摆脱电流的能力是随着触电时间的延长而减弱的。这就是说，一旦触电后不能摆脱电源时，后果将是比较严重的。

③致命电流，是指在较短的时间内危及人的生命的最小电流。电击致死是电流引起的心室颤动造成的。故引起心室颤动的电流就是致命电流。100mA 为致命电流。

(2) 电流持续时间。电流通过人体的持续时间越长，

造成电击伤害的危险程度就越大。人的心脏每收缩扩张一次约有 0.1s 的间隙，这 0.1s 的间隙期对电流特别敏感，通电时间越长，则必然与心脏最敏感的间隙重合而引起电击；通电时间越长，人体电阻因紧张出汗等因素而降低电阻，导致通过人体的电流进一步增加，可引起电击。

（3）电流通过人体的途径。电流通过心脏会引起心室颤动或使心脏停止跳动，造成血液循环中断，导致死亡。电流通过中枢神经或有关部位均可导致死亡。电流通过脊髓，会使人截瘫。一般从手到脚的途径最危险，其次是从手到手，从脚到脚的途径虽然伤害程度较轻，但在摔倒后，能够造成电流通过全身的严重情况。

（4）电流种类。直流电、高频电流对人体都有伤害作用，但其伤害程度一般较 25~300Hz 的交流电轻。直流电的最小感知电流，对于男性约为 5.2mA，女性约为 3.5mA；平均摆脱电流，对于男性约为 76mA，女性约为 51mA。高频电流的电流频率不同，对人体的伤害程度也不同。通常采用的工频电流，对于设计电气设备比较经济合理，但从安全角度看，这种电流对人体最为危险。随着频率偏离这个范围，电流对人体的伤害作用减小，如频率在 1000Hz 以上，伤害程度明显减轻。但应指出，但高压高频电也有电击致命的危险。例如，10000Hz 高频交流电感知电流，男性约为 12mA；女性约为 8mA。平均摆脱电流，男性约为 75mA；女性约为 50mA。可能引起心室颤动的电流，通电时间 0.03s 时约为 1100mA；3s 时约为 500mA。

（5）电压。在人体电阻一定时，作用于人体的电压越高，则通过人体的电流就越大，电击的危险性就增加。人触及不会引起生命危险的电压称为安全电压。我国规定安全电压一般为 36V，在潮湿及罐塔设备容器内行灯安全电压为 12V。

（6）人体状况。人体的健康状况和精神状态是否正常，对于触电伤害的程度是不同的。患有心脏病、结核病、精神病、内分泌器官疾病及酒醉的人，触电引起的伤害程度更加严重。

在带电体电压一定的情况下，触电时人体电阻越大，通过人体的电流就越小，危险程度也越小。反之，危险程度增加。在正常情况下，人体的电阻为 10~100kΩ，人体的电阻不是一个固定值。如皮肤角质有损伤，皮肤处于潮湿或带有导电性粉尘时，人的电阻就会下降到 1kΩ 以下（人体体内电阻约在 500Ω 左右），人体触及带电体的面积越大，接触越紧密，则电阻越小，危险程度也增加。

20. 天然气燃烧的条件是什么？

燃气燃烧并不是任何情况下都可发生的，必须同时具备 3 个条件，缺一不可。（1）可燃物。（2）助燃物。（3）达到着火温度。天然气（可燃物）、空气（助燃物）只有按一定比例混合并达到天然气的着火温度，才能燃烧。

21. 常用的灭火方法主要有哪几种？

常用的灭火方法主要有冷却法、隔离法、窒息法和化学抑制法 4 种。

（1）冷却法。

这种灭火法的原理是将灭火剂直接喷射到燃烧的物体上，以降低燃烧的温度于燃点之下，使燃烧停止。或将灭火剂喷洒在火源附近的物质上，使其不因火焰热辐射作用而形成新的火点。

（2）隔离法。

隔离灭火法是将正在燃烧的物质和周围未燃烧的可燃物质隔离或移开，中断可燃物质的供给，使燃烧因缺少可燃物而停止。

（3）窒息法。

窒息灭火法是阻止空气流入燃烧区或用不燃烧区或用不燃物质冲淡空气，使燃烧物得不到足够的氧气而熄灭的灭火方法。

（4）化学抑制法。

化学抑制法是使灭火剂参与到燃烧反应过程中去，使燃烧过程产生的游离基消失，而形成稳定分子或活性的游离基，从而使燃烧化学反应中断的灭火方法。

22. 燃烧现象根据其特点可分为几种类型？

闪燃、自燃、点燃。

23. 用电话报火警有哪些要求？

用电话报火警要讲清楚起火单位、村镇名称和所处区县、街巷、门牌号码；要讲清楚是什么东西着火。火势大小、是否有人被围困、有无爆炸危险品等情况；要讲清楚报警人的姓名、单位和所用的电话号码。并注意倾听消防队询问情况，准确、简洁的给予回答。待对方明确说明时可以挂断电话。报警后立即派人到单位门口，街道交叉路口迎候消防车，并带领消防车迅速赶到火场。

24. 线路过负荷的原因是什么？

（1）在设计配电线路时，导线截面选择的过小。

（2）使用单位在线路中接入过多的或功率过大的用电设备，超过了线路负荷的能力。

25. 我国常见的绝缘导线有几种？其线芯允许最高温度各为多少？

常见的绝缘导线有两种。一种是橡胶绝缘导线；另一种是塑料绝缘导线。橡胶绝缘导线最高允许温度为65℃；塑料绝缘导线最高允许温度为70℃。

26. 仪表工工作时应做到“三懂四会”都包括哪些？

三懂：懂仪表原理、懂仪表及设备构造、懂工艺流程；

四会：会操作、会维护保养、会排出故障、会正确使用防护材料。

27. 事故发生后本着“四不放过原则”处理，此原则具体指什么？

事故原因未查清不放过、责任人员未处理不放过、整改措施未落实不放过、有关人员未受到教育不放过。

28. 哪些场所应使用防爆工具？

易燃易爆场合必须使用防爆工具。防爆工具的使用场合为：石油、石化、煤矿、电力、军工等易燃易爆场合。钎、镐、锤、钳、防爆扳手、吊具等工具由钢铁材料制成的，与设备在激烈动作或失手跌落时发生的摩擦、撞击而产生火花，当火花达到一定的点火源，就会产生火灾和爆炸事故，因此在危险环境中安装设备需要使用不发生摩擦及撞击火花，甚至不产生炽热高温表面，由特殊材料制成的专用防爆工具。

29. 高处作业“三宝”指的是什么？

安全帽、安全带（绳）、安全网。

30. 高处作业级别是如何划分的？

高处作业原则上分为三级：

一级：作业高度在30m及以上时，称为一级高处作业。

二级：作业高度在5~30m（含5m），称为二级高处作业。

三级：作业高度在2~5m（含2m），称为三级高处作业。

31. 什么是仪表管理“五个做到”？

做到测量准确、控制灵敏、安全可靠、记录完整、卫生清洁。

32. 什么是仪表维护的“四定”？

定期吹扫、定期润滑、定期调校、定期维护保养。

33. 在爆炸危险场所进行仪表维修时，应注意哪些问题？

（1）应经常进行检查维护，检查时，应察看仪表外观、环境（温度、湿度、粉尘、腐蚀）、温升、振动、安装是否牢固等情况。

（2）对隔爆型仪表，在通电进行维修切不可打开接线盒和观察窗，需开盖维修时必须先切断电源，决不允许带电开盖维修。

（3）维修时决不允许产生冲击火花，所使用的测试仪表应为经过鉴定的隔爆型或本安型仪表，以避免测试仪表引起诱发性火花或把过高的电压引向不适当的地方。

34. 在有毒介质设备上如何进行仪表检修？

在有毒介质设备上进行仪表检修之前，先要了解有毒介质的化学成分和操作条件，准备好个人防护用品。还要由工艺负责人签发仪表检修作业证，派人监护，确认泄压以后才能检修。拆卸一次仪表时操作人员不能正对仪表接口，要站在上风侧。一次仪表拆下之后要在设备管口上加堵头或盲板。拆下仪表插入部件应在室外清洁干净后才能拿回室内维修。

35. 中国石油天然气集团公司 HSE 管理九项原则的内容是什么？

（1）任何决策必须优先考虑健康安全环境。

（2）安全是聘用的必要条件。

(3) 企业必须对员工进行健康安全环境培训。

(4) 各级管理者对业务范围内的健康安全环境工作负责。

(5) 各级管理者必须亲自参加健康安全环境审核。

(6) 员工必须参与岗位危害识别及风险控制。

(7) 事故隐患必须及时整改。

(8) 所有事故事件必须及时报告、分析和处理。

(9) 承包商管理执行统一的健康安全环境标准。

36. 中国石油天然气集团公司反违章六条禁令的内容是什么?

(1) 严禁特种作业无有效操作证人员上岗操作。

(2) 严禁违反操作规程操作。

(3) 严禁无票证从事危险作业。

(4) 严禁脱岗、睡岗和酒后上岗。

(5) 严禁违反规定运输民爆物品、放射源和危险化学品。

(6) 严禁违章指挥、强令他人违章作业。

员工违反上述禁令，给予行政处分；造成事故的，解除劳动合同。

37. 中国石油天然气集团公司安全生产方针是什么?

安全第一，预防为主。

38. 女职工特殊保护有哪些一般规定?

为维护女职工的合法权益，减少和解决女职工在生产劳动中因生理特点造成的特殊困难，保护女职工身体健康，国家颁布的《劳动法》和1988年国务院颁布的《女职工劳动保护规定》以及1990年原劳动部颁发的《女职工禁忌看劳动范围的规定》对女职工特殊保护做了具体的规定：

(1) 凡适合妇女从事劳动的单位，不得拒绝招收女职工。

（2）不得在女职工怀孕期、产期、哺乳期降低其基本工资或者解除劳动合同。

（3）所有女职工禁忌从事劳动的范围：矿山井下作业；森林业伐木、归楞及流放作业；《体力劳动强度分级》标准中地Ⅳ级体力劳动强度的作业；建筑业脚手架的组装和拆除作业；电力、电信行业的高处架线作业；连续负重（指每小时负重次数在6次以上）每次负重超过20kg，间断负重每次负重超过25kg的作业。

39. 怎样从爆炸极限的数值来判断可燃气体（蒸汽、粉尘）燃爆危险性的大小？

一般来说，可燃气体（蒸气、粉尘）的爆炸下限数值越低。爆炸极限范围越大，则它的燃爆危险性越大。如氢气的爆炸极限是4.0%~75.6%，氨气的爆炸极限是15.0%~28.0%。可以看出，氢气的燃爆危险性比氨气要大。

为了更加科学地进行分析比较，又提出了爆炸危险度这个指标，它综合考虑了爆炸下限和爆炸范围两个方面：

爆炸危险度=(爆炸上限浓度-爆炸下限浓度)/爆炸下限浓度；

可燃气体爆炸危险度越大，则其燃爆危险性越大。

40. 爆炸的主要破坏作用是什么？

（1）冲击波。

爆炸形成的高温、高压、高能量密度的气体产物，以极高的速度向周围膨胀，强烈压缩周围的静止空气，使其压力、密度和温度突跃升高，像活塞运动一样推向前进，产生波状气压向四周扩散冲击。这种冲击波能造成附近建筑物的破坏，其破坏程度与冲击波能量的大小有关，与建筑物的坚固程度及其与产生冲击波的中心距离有关。

（2）碎片冲击。

爆炸的机械破坏效应会使容器、设备、装置以及建筑材料等的碎片在相当大的范围内飞散而造成伤害，碎片的四处飞散距离一般可达数十到数百米。

（3）震荡作用。

爆炸发生时，特别是较猛烈的爆炸往往会引起短暂的地震波。例如，某市的亚麻发生尘爆炸时，有连续三次爆炸，结果在该市地震局的地震检测仪上，记录了在7s之内的曲线上出现有三次高峰。在爆炸波及的范围内，这种地震波会造成建筑物的震荡、开裂、松散倒塌等危害。

（4）次生事故。

发生爆炸时，如果车间、库房（如制氢车间、汽油库或其他建筑物）里存放有可燃物，会造成火灾；高处作业人员受冲击波或震荡作用，会造成高处坠落事故；粉尘作业场所轻微的爆炸冲击波会使积存在地面上的粉尘扬起，造成更大范围的二次爆炸等。

41. 常见工业爆炸事故有哪几种类型？

按照爆炸反应相的不同，爆炸可分为3类：气相爆炸、液相爆炸和固相爆炸。

①气相爆炸。

包括可燃性气体和助燃性气体混合物的爆炸；气体的分解爆炸；液体被喷成雾状物在剧烈燃烧时引起的爆炸，称喷雾爆炸；飞扬悬浮于空气中的可燃粉尘引起的爆炸等。

②液相爆炸。

包括聚合爆炸、蒸发爆炸以及由不同液体混合所引起的爆炸。例如硝酸和油脂，液氧和煤粉等混合时引起的爆炸；熔融的矿渣与水接触或钢水包与水接触时，由于过热发生快

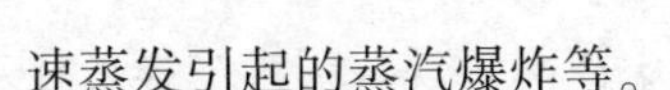

速蒸发引起的蒸汽爆炸等。

③固相爆炸。

包括爆炸性化合物及其他爆炸性物质的爆炸（如乙炔铜的爆炸)；导线因电流过载，由于过热，金属迅速气化而引起的爆炸等。

42. 防火防爆的基本原理和思路是什么？

引发火灾的3个条件是：可燃物、氧化剂和点火源同时存在，相互作用。引发爆炸的条件是：爆炸品（内含还原剂和氧化剂）或可燃物（可燃物、蒸气或粉尘）与空气混合物和起爆能源同时存在、相互作用。如果采取措施避免或消除上述条件之一，就可以防止火灾或爆炸事故的发生，这就是防火防爆的基本原理。

在制定防火防爆措施时，可以从以下4个方面去考虑：

（1）预防性措施。（2）限制性措施。（3）消防措施。（4）疏散性措施。

43. 在生产系统发生火灾爆炸事故时应采取哪些应急措施？

（1）紧急切断物料，放空设备或倒换到安全地点。

（2）临时修筑防溢堤，或挖沟使液流导向安全地带。

（3）启用消防灭火设备，或洒水降温。

（4）清除障碍物，留出足够的安全距离。

（5）迅速报警，成立临时防灾组织。

（6）抢救伤亡人员。

44. 绝缘在哪些情况下会遭到破坏？

绝缘物在强电场的作用下遭到急剧的破坏，丧失绝缘性能，这就是击穿现象。这种击穿叫电击穿。击穿时的电压叫做击穿电压；击穿时的电场强度叫做材料的击穿电场强度，或击穿强度。

气体绝缘击穿是气体雪崩式电离的表现。气体绝缘击穿后能自己恢复绝缘性能。液体击穿一般是沿电极间气泡、固体杂质等连成“小桥”的击穿。多次液体击穿可能导致液体失去绝缘性能。固体绝缘还有热击穿和电化学击穿的现象。热击穿时绝缘物在外加电压的作用下，由于泄漏电流引起温度过分升高所导致的击穿。电化学击穿是由于游离、化学反应等因素的综合作用所导致的击穿。热击穿和电化学击穿的击穿电压都比较低，但电压作用时间都比较长。固体绝缘击穿后不能恢复绝缘性能。

绝缘物除因击穿而破坏外，腐蚀性气体、蒸气、潮气、粉尘、机械损伤也都会降低绝缘性能或导致破坏。

在正常工作的情况下，绝缘物也会逐渐老化而失去绝缘性能及应有的弹性。一般绝缘材料可正常使用20年。

45. 带电灭火应注意哪些安全问题？

为了争取灭火时间，防止火灾扩大，来不及断电；或因需要或其他原因，不能断电，则需要带电灭火。带电灭火应注意以下几点：

（1）应按灭火剂的种类选择适当的灭火剂。二氧化碳、四氯化碳、二氟一氯一溴甲烷（即1211）、二氟二溴甲烷或干粉灭火剂都是不导电的，可用于带电灭火。泡沫灭火剂（水溶液）有一定打导电性，而且对电气设备的绝缘有影响，不宜用于带电灭火。

（2）用水枪灭火时宜采用喷雾水枪，这种水枪通过水柱的泄漏电流较小，带电灭火比较安全；用普通直流水枪灭火时，为防止通过水柱的泄漏电流通过人体，可以将水枪喷嘴接地；也可以让灭火人员穿戴绝缘手套和绝缘靴或穿均压服操作。

（3）人体与带电体之间要保持必要的安全距离。用水灭火时，水枪喷嘴至带电体的距离，电压110kV及以下者不应小于3m，220kV及以上者不应小于5m。用二氧化碳等有不导电的灭火剂时，机体、喷嘴至带电体的最小距离：10kV者不应小于0.4m，36kV者不应小于0.6m。

（4）对架空线路等空中设备进行灭火时，人体位置与带电体之间的仰角不应超过45°，以防导线断落危及灭火人员的安全。

（5）如遇带电导线跌落地面，要划出一定的警戒区，防止跨步电压伤人。

46. 防止静电产生有哪几种措施?

（1）控制流速。流体在管道中的流速必须加以控制，例如易燃液体在管道中的流速不宜超过4~5m/s，可燃气体在管道中的流速不宜超过6~8m/s。

（2）保持良好接地。接地是消除静电危害最为常用的方法之一。为消除各部件的电位差，可采用等电位措施。

（3）采用静电消散技术。

（4）人体静电防护。

47. 静电有哪些危害?

静电的危害主要有：

（1）因静电放电发生火花引起火灾或爆炸。

（2）静电放电时对人体造成电击。

（3）静电为生产增加困难或使产品质量降低。

48. 为什么短路会引起火灾?

发生短路时，线路中的电流增加为正常时的几倍甚至几十倍，而产生的热量又与电流的平方成正比，使得温度急剧上升，大大超过允许范围。如果温度达到可燃物的引燃温度，即引起燃烧，从而导致火灾。当电气设备的绝缘老化变质或受到高温、潮湿或腐蚀的作用而失去绝缘能力，即可能引起短路事故。绝缘导线直接缠绕、勾挂在铁钉或铁丝上时，由于设备安全不当或工作疏忽，可能使电气设备的绝缘受到机械损伤而形成短路。由于雷击等过电压的作用，电气设备的绝缘可能遭到击穿而形成短路。由于所选用设备的额定电压太低，不能满足工作电压的要求，可能击穿而短路。由于维护不及时，导电粉尘或纤维进入电气设备，也可能引起短路事故。由于管理不严，小动物或生长的植物也可能引起短路事故。在安装和检修工作中，由于接线和操作错误也可能造成短路事故。此外，雷电放电电流极大，有类似短路电流且比短路电流更强的热效应，可能引起火灾。

49. 噪声对人体有何危害？

噪声对人体的危害是多方面的，主要表现在：

（1）损害听觉。

（2）引起各种病症。

（3）影响交谈和思考。

（4）影响睡眠。

（5）引起事故。

50. 噪声危害的影响因素有哪些？

噪声的影响因素主要有：

（1）噪声的强度和频率组成。噪声的强度越大对人体的危害越大。噪声在80dB（A）以下，对听力的损害甚小，在90dB（A）以上，对听力损害的发生率逐渐升高，而140dB（A）的噪声，在短期内即可造成永久性听力丧失。噪声的频率对于噪声危害程度的影响很大，高频噪声较低频噪声的危害更大。

（2）噪声工龄和每个工作日的接触时间。工龄加长，职业性耳聋的发生几率越大；噪声强度越大，出现听力损失的时间越短。噪声强度虽不很大，但作用时间极长时，也可能引起听力损失。

（3）噪声的性质。强度和频率经常变化的噪声，比稳定噪声的危害更大。脉冲噪声、噪声与振动同时存在等情况，对听力损害更大。

（4）个人防护与个体感受。佩戴个人防声用具可以减缓噪声对听力的损害；个体对噪声的感觉，影响听力损失的程度和发病几率。

51. 预防噪声危害的措施有哪些？

采用一定的措施可以降低噪声的强度和减少噪声危害。这些措施主要有：

（1）消声。

控制和消除噪声源是控制和消除噪声的根本措施，改革工艺过程和生产设备，以低声或无声工艺或设备代替产生强噪声的工艺和设备，将噪声源远离工人作业区和居民区均是噪声控制的有效手段。

（2）控制噪声的传播。

①隔声。用吸声材料、吸声结构和吸声装置将噪声源封闭，防止噪声传播。常用的有隔声墙、隔声罩、隔声地板、门窗等。

②消声。用吸声材料铺装室内墙壁或悬挂于室内空间，可以吸收辐射和反射的声能，降低传播中噪声的强度水平。常用吸声材料有玻璃棉、矿渣棉、毛毡、泡沫塑料、棉絮等。

③合理规划厂区、厂房。在产生强烈噪声的作业场所周围，应设置良好的绿化防护带，车间墙壁、顶面、地面等应

设吸声材料。

（3）采用合理地防护措施。

①合理使用耳塞。防止耳塞、耳罩具有一定的防声效果。根据耳道大小选择合适的耳塞，隔声效果可达30～40dB，对高频噪声的阻隔效果更好。

②合理安排劳动制度。工作日中穿插休息时间，休息时间离开噪声环境，限制噪声作业的工作时间，可减轻噪声对人体的危害。

（4）卫生保健措施。接触噪声的人员应进行定期体检。

52. 防护用品主要分为哪几种？

（1）头部防护用品，如防护帽、安全帽、防寒帽、防昆虫帽等。

（2）呼吸器官防护用品，如防尘口罩（面罩）、防毒口罩（面罩）等。

（3）眼面部防护用品，如焊接护目镜、炉窑护目镜、防冲击护目镜等。

（4）手部防护用品，如一般防护手套、各种特殊防护（防水、防寒、防高温、防振）手套、绝缘手套等。

（5）足部防护用品，如防尘、防水、防油、防滑、防高温、防酸碱、防振鞋及电绝缘鞋等。

（6）躯干防护用品，通常称为防护服，如一般防护服、防水服、防寒服、防油服、防电磁辐射服、隔热服、防酸碱服等。

（7）护肤用品，用于防毒、防腐、防酸碱、防射线等的相应保护剂。

（三）电气工作危险点及其控制措施

1. 场区照明维护工作危险点及其控制措施

（1）高处坠落。

①攀登架构时，精神要集中，手要抓牢，脚要踏实。

②必须系安全带，安全带系得要适量。

（2）触电和划伤。

①切断照明回路电源，并在闸柄上挂“禁止合闸，有人工作”的标示牌。

②在现场设专人监护作业，并戴安全帽。

③灯泡碎片、残留物等应用工具取拿，不得用手直接处理。

2. 电工低压修维护工作危险点及其控制措施

（1）误合电源开关，造成人身触电事故。

①工作前必须拉开总空气断路器及安全开关。

②取下开关的熔断丝。

③在总开关的把手上挂“禁止合闸，有人工作”的标示牌或派专人看守。

（2）检修低压电动机，误合开关及起动按钮，造成人身触电或转动部分伤人。

①必须断开电动机起动的所有开关及按钮。

②在停电的开关把手上挂“禁止合闸，有人工作”的标示牌或派专人看守。

③将开关及按钮操作手柄上锁。

3. 巡视高压设备工作危险点及其控制措施

（1）巡视人员摔伤、撞伤。

①巡视高压设备必须戴好安全帽。

②巡视路线上的盖板应稳固。

③巡视路线上不得有障碍物，若检修工作需要揭开盖板或堆放器材，堵塞巡检路线时应在周围装设遮拦和警示灯。

④巡视设备需要倒退和行走时，须防止踩空和被电缆沟

等障碍物绊倒或撞伤、摔伤。

(2) 触电或跨步电压伤人。

①巡视设备时，严禁移开或越过遮拦，不得进行其他工作。

②雷雨天气，巡视室外高压设备时，应穿绝缘靴，并不得靠近避雷器和避雷针。

③高压设备发生接地时，室内不得接近故障点 4m 以内，室外不得接近故障点 8m 以内，进入上述范围的人员必须穿绝缘靴，接触设备的外壳和构架时，应戴绝缘手套。

4. 倒闸操作危险点及其控制措施

(1) 发生误操作造成人员触电或被电弧灼伤。

①操作票由操作人员填写，监护人和值班负责人审查，正式操作时必须在模拟盘上进行预演。

②倒闸操作必须由两人进行，操作中每进行一项应严格执行“四对照”。

③必须按操作票的顺序依次操作，不得跳项、漏项或擅自更改操作顺序，在特殊情况下，需要跳项操作或取消不需要的操作项目必须有值班调度员的命令或值长（运行负责人）的许可，值班负责人的批准，确认无误操作的可能，方可进行操作；操作中严禁穿插口头命令的操作项目。

④执行一个倒闸操作任务时，中途严禁换人。

⑤防误锁的万能解锁钥匙按规定保管，使用时须经有关领导批准并登记，用后立即恢复规定保管方式。

⑥拉、合刀闸开关，均须戴绝缘手套，雨天必须操作室外高压设备时，绝缘杆上应有防雨罩，还应穿绝缘靴，雷电时禁止进行倒闸操作。

⑦装、拆高压可熔断器，应戴护目镜和绝缘手套，必要

时使用绝缘夹钳，站在绝缘垫或绝缘台上操作。

（2）装、拆接地线和拉合刀闸时砸、碰操作人员。

①操作人员必须戴安全帽。

②装、拆接地线时操作人和监护人的站立位置要选择适当。

③拉、合刀闸时，操作人的身体应躲开刀闸的操作把手的活动范围。

5. 控制屏、直流屏、低压交流屏清扫、检查、故障处理危险点及其控制措施

低压触电和手、头部碰伤：

（1）需站在干燥的绝缘物上工作，并设专人监护。

（2）必须使用有绝缘柄或采取绝缘包扎措施的工具。

（3）作业人员必须穿长袖衣，并戴安全手套和安全帽。

第三部分 基本技能

一、操作技能

1. 填写值班记录

准备工作：

（1）正确穿戴劳动保护用品。

（2）工具、用具、材料准备：值班记录簿、钢笔或碳素笔。

操作程序：

（1）填写基本内容：

①交接班完毕后接班人员在值班记录内签字。

②填写值班记录簿流水编号，例如：“201703011”。

③填写当值日期：××××年××月××日，星期×。

④填写当值天气情况：晴、阴、多云、雨、风、雪等。

⑤填写设备运行方式，设备状态。

（2）填写主要内容：

①及时填写设备巡视情况，包括特殊情况增加巡视。

②填写设备操作情况和受理工作票情况等。

③填写运行中的异常情况、设备缺陷及事故的汇报和处

理过程。

④填写调度和上级有关运行的指令或通知。

⑤填写工具、仪表、护具使用情况和卫生、通信、照明情况。

⑥填写交班小结和运行有关的其他事宜。

操作安全提示：

(1) 按时间的先后顺序填写，应使用 24 小时制时间格式。

(2) 填写字迹工整、字体仿宋，不能涂改。

(3) 填写内容正确无误。

(4) 填写使用标准术语。

(5) 与相关的记录相互衔接。

2. 填写开关故障跳闸记录簿

准备工作：

(1) 正确穿戴劳动保护用品。

(2) 工具、用具、材料准备：开关故障跳闸记录簿、钢笔或碳素笔。

操作程序：

(1) 填写基本内容：开关名称及编号（包括电压等级）。

(2) 填写主要内容。

①在每页的第一行填写上次解体日期，在“累计跳闸次数”栏填写实际累计次数，“记录人”栏与“领导签字”栏由相关人员签名。

②在“故障跳闸”日期栏填写开关跳闸日期及时间。

③在“故障跳闸次数”栏内填写跳闸次数（重合闸动作成功统计为一次，重合闸动作未成功统计为两次）。

④在“累计跳闸次数”栏内填写累计次数。

⑤在“保护重合闸动作情况及跳闸原因”栏内填写保护重合闸动作情况及跳闸原因。

⑥“记录人”栏与“领导签字”栏由相关人员签名。

操作安全提示：

(1) 开关跳闸记录保存期限为永久，无须换本。

(2) 按时间的先后顺序填写，应使用24小时制时间格式。

(3) 字迹工整、字体仿宋。

(4) 填写内容正确无误，使用标准术语。

(5) 与相关的记录相互衔接。

3. 填写设备缺陷记录

准备工作：

(1) 正确穿戴劳动保护用品。

(2) 工具、用具、材料准备：设备缺陷记录、钢笔或碳素笔。

操作程序：

(1) 填写基本内容：

①在“时间”栏内填写缺陷发生的日期。

②在“发现人”栏内填写发现人姓名。

(2) 填写缺陷的具体部位：

①填写缺陷的具体部位。

②“领导意见”栏由相关人员填写缺陷类（紧急、重大、一般缺陷）并签名。

③缺陷处理完毕验收合格后，由消除人在“消除日期”栏内填写消除日期，并在“消除人”栏签名，验收人在“验收人”内签名。

操作安全提示：

（1）连续性填写，不设专人。

（2）未处理彻底而遗留的缺陷要重新填写。

（3）检修、运行人员双方签字。

（4）按时间的先后顺序填写。

（5）填写字迹工整、字体仿宋。

（6）填写内容正确无误，使用标准术语。

（7）与相关的记录相互衔接。

4. 办理变电所第一种工作票许可手续

准备工作：

（1）正确穿戴劳动保护用品。

（2）工具、用具、材料准备：第一种工作票、钢笔或碳素笔、复写纸、红蓝铅笔、直尺、安全帽。

操作程序：

（1）收到第一种工作票时，值班负责人填写收到工作票时间并签名。

（2）值班负责人检查工作票内容：

①工作票票号无误。

②“工作负责人”栏、“班组”栏、“工作班人员”栏所列人员与现场人员一致。

③工作内容和工作地点符合现场实际。

④计划工作时间填写正确。

⑤“应拉开关和刀闸”栏、“应装设接地线、应合接地刀闸”栏、“应装设遮拦，应挂标示牌”栏、“工作地点保留带电部分和补充安全措施”栏所填写内容正确无误，与现场实际相符。

⑥票面要有检修单位公章，工作票签发人签名并盖章。

(3) 汇报调度。

(4) 工作许可人必须确定检修设备已停电，并且安全措施符合要求方可办理工作许可手续；如果该设备仍为运行设备，必须先执行停电操作，做好安全措施后才允许办理工作许可手续。

(5) 依据现场实际运行状况及工作票左侧签发内容，填写工作票右侧内容。

(6) 对于“工作地点保留带电部分和补充安全措施”栏，工作票签发人所填写内容不够完善时，工作许可人可加以补充，并将“工作地点保留带电部分内容”用红线圈起来。

(7) 工作许可人在模拟图上向工作负责人交代设备动态及安全措施。

(8) 工作许可人会同工作负责人到现场，确认设备状态及所做的安全措施，以手触试，证明检修设备确无电压，并对工作负责人指明带电设备的位置和注意事项。

(9) 工作负责人、工作班成员、工作许可人确认无误后分别签字。

(10) 汇报调度，工作许可人填写许可开工时间后，工作班方可开始工作。

操作安全提示：

(1) 根据工作任务审核工作票时，发现错误或安全措施与现场实际条件不符，应向工作票签发人询问清楚，必要时要求更换新的工作票。

(2) 字迹清楚、字体仿宋。

(3) 涂改不允许超过三处。

(4) 对于某些重要工作，变电所应增派专责监护人，

填写在“指定专责监护人”栏。

5. 办理变电所第二种工作票许可手续

准备工作：

(1) 正确穿戴劳动保护用品。

(2) 工具、用具、材料准备：第二种工作票、钢笔或碳素笔、复写纸、安全帽。

操作程序：

(1) 收到第二种工作票时，值班负责人审查工作票内容：

①工作票票号正确无误。

②“工作负责人”栏、“班组”栏、“工作班人员”栏所列人员与现场工作人员一致，人数统计正确。

③工作地点和工作任务符合现场实际。

④计划工作时间填写正确。

⑤“工作条件”栏所填写内容正确无误，与现场实际相符，并符合工作要求。

⑥“注意事项及安全措施”栏所填写内容正确无误，与现场实际相符，若工作票签发人所填写内容不够完善，工作许可人可加以补充。

⑦工作票签发人姓名并盖章。

(2) 汇报调度。

(3) 工作许可人必须确定工作现场设备状态符合工作条件，如果不符合工作条件，必须采取措施，符合工作要求后才允许办理工作许可手续。

(4) 工作许可人会同工作负责人到工作现场，确认设备状态符合工作条件，向工作负责人交代注意事项。

(5) 工作负责人、工作班成员、工作许可人确认无误后分别签字。

(6) 汇报调度，工作许可人填写许可开工时间后，工作班方可开始工作。

操作安全提示：

(1) 根据工作任务审核工作票时，发现错误或安全措施与现场实际条件不符时应向工作票签发人询问清楚，必要时要求更换新的工作票。

(2) 字迹清楚、字体仿宋。

(3) 涂改不允许超过三处。

(4) 对于某些重要工作，变电所应增派专责监护人，填写在“指定专责监护人”栏。

6. 巡视检查变压器

准备工作：

(1) 正确穿戴劳动保护用品。

(2) 工具、用具、材料准备：记录本、钢笔或碳素笔。

操作顺序：

(1) 巡视检查变压器本体及附属设备。

①检查变压器的声音是否正常（变压器正常运行时，一般有均匀的“嗡嗡”声）。

②检查变压器有无渗油，油枕油位、油色是否正常（正常应是透明微带黄色），变压器油温是否正常（上层油温不宜超过85℃）。

③检查硅胶颜色是否加深，是否达到饱和状态（硅胶在干燥的情况下呈浅蓝色或白色，吸湿达到饱和状态时呈淡红色）。

④检查冷却装置的运行情况是否正常（风冷变压器一般在油温超过55℃时应将风扇开启）。

⑤检查压力释放阀、安全气道或防爆膜是否完好，瓦斯

继电器内有无气体。

⑥检查瓷套管有无破损裂纹、有无严重油污、有无放电痕迹。

⑦检查一次、二次引线驰度是否过松，接头接触是否良好，有无过热现象。

⑧检查铁芯、外壳接地是否良好。

⑨检查风冷控制箱门是否平整，开启是否灵活、关闭是否紧密，内部接线有无松动、过热。

⑩检查变压器固定是否牢固，各部螺栓是否紧固，检查设备标识、安全警示牌是否齐整完好。

（2）填写相关记录。

操作安全提示：

（1）按照巡视项目及巡视路线巡视。

（2）巡视时要注意保持与带电设备足够的安全距离。

（3）发现设备缺陷及时汇报处理。

7. 巡视检查电动机

准备工作：

（1）正确穿戴劳动保护用品。

（2）工具、用具、材料准备：手操器、测振仪、测温枪、听诊器、记录本、钢笔或碳素笔。

操作顺序：

（1）巡视检查电动机。

①电动机的声音、各部分的温度是否在规定的范围内（电动机为 F 级绝缘时，定子线圈温度不超过 155℃，滑动轴承温度不超过 80℃，滚动轴承温度不超过 95℃）。

②电动机的电流是否超出额定值；三相电流是否平衡；电动机是否过载运行。

③电动机的振动与窜动是否超过允许值，电动机振动幅值见下表。

额定转速，r/min	3000	1500	1000	≤750
振动幅值（双幅值），mm	0.05	0.085	0.1	0.12

④轴承润滑情况、油位情况、油环转动情况是否正常。

⑤外壳接地线是否牢固，遮拦及护罩是否完整、紧固，检查电动机外壳无损伤，各部位螺栓是否齐全紧固。

⑥电动机有无异常焦臭味及烟气；检查冷却系统良好。

⑦各有关信号指示及电动机控制装置应完整良好，保护装置完好正确投用。

⑧检查电动机接线盒引入口密封是否严密。

⑨电动机附近是否清洁无杂物；电动机表面是否清洁，铭牌、生产工艺编号是否清晰；检查各部位的温度是否超标。

（2）填写相关记录。

操作安全提示：

（1）按照巡视项目及巡视路线巡视。

（2）巡视时要注意保持与带电设备足够的安全距离。

（3）发现设备缺陷及时汇报处理。

8. 巡视检查 SF_6 开关

准备工作：

（1）正确穿戴劳动保护用品。

（2）工具、用具、材料准备：记录本、钢笔或碳素笔。

操作程序：

（1）巡视检查 SF_6 开关本体及附属设备。

①检查并记录 SF_6 气体压力是否正常。

②检查引线及接点是否松动、过热。

③检查绝缘体有无裂痕及放电现象。

④检查机构箱门是否平整，开启是否灵活，关闭是否紧密。

⑤检查机构箱内接线是否松动、过热。

⑥检查开关分、合指示是否正确（要与当时运行情况相符），开关在分闸状态时，检查合闸弹簧是否储能，开关在运行状态时，检查储能电动机的电源闸刀是否在闭合位置。

⑦检查分闸线圈、合闸线圈有无冒烟异味。

⑧检查开关附近有无杂物，机构箱保温设施是否良好。

⑨检查设备标识是否齐全完好。

（2）填写相关记录。

操作安全提示：

（1）按照巡视项目及巡视路线巡视。

（2）巡视时要注意保持与带电设备足够的安全距离。

（3）发现设备缺陷及时汇报处理。

9. 巡视检查真空开关

准备工作：

（1）正确穿戴劳动保护用品。

（2）工具、用具、材料准备：记录本、钢笔或碳素笔。

操作程序：

（1）巡视检查真空开关本体及附属设备。

①检查真空开关灭弧室有无异常，外观是否良好，玻璃池内颜色是否正常。

②检查瓷瓶、套管是否清洁、有无裂纹或放电现象。

③检查分、合位置指示是否正确，是否与当时实际运行

工况相符。

④检查红绿信号灯指示是否正确。

⑤检查引线接触部位有无过热。

⑥检查引线及接点是否松动、过热。

⑦检查分闸线圈、合闸线圈及合闸接触器线圈有无冒烟异味。

⑧检查合闸接触器箱门是否平整，开启是否灵活，关闭是否紧密。

⑨检查二次接线有无松动、过热。

⑩检查设备标识是否齐全完好。

(2) 填写相关记录。

操作安全提示：

(1) 按照巡视项目及巡视路线巡视。

(2) 巡视时要注意保持与带电设备足够的安全距离。

(3) 发现设备缺陷及时汇报处理。

10. 巡视检查刀闸

准备工作：

(1) 正确穿戴劳动保护用品。

(2) 工具、用具、材料准备：记录本、钢笔或碳素笔。

操作程序：

(1) 巡视检查刀闸本体及附属设备。

①检查触头、接点接触是否良好。

②检查刀闸有无变形、锈蚀。

③检查瓷质及铸铁表面是否清洁，有无裂纹及破损。

④检查分闸、合闸位置是否正确。

⑤检查操作机构有无开焊、变形、松动，销子、螺母等是否完好。

⑥检查防误闭锁装置是否牢固、完好。

⑦检查设备标识、安全警示牌是否齐全完好。

⑧检查辅助接点箱密封是否良好，内部接线是否正确，接触是否良好。

（2）填写相关记录。

操作安全提示：

（1）按照巡视项目及巡视路线巡视。

（2）巡视时要注意保持与带电设备足够的安全距离。

（3）发现设备缺陷及时汇报处理。

11. 巡视检查电容器

准备工作：

（1）正确穿戴劳动保护用品。

（2）工具、用具、材料准备：记录本、钢笔或碳素笔。

操作程序：

（1）巡视检查电容器本体及附属设备。

①检查电容器外壳有无渗、漏油现象。

②检查套管有无渗漏油现象，有无裂纹及放电痕迹。

③检查电容器有无膨胀变形，熔断丝是否熔断。

④检查电容器内部是否有异音，灯光指示是否正确。

⑤检查电容器长期运行电压是否超过 1.1 倍额定电压，电流是否超过 1.3 倍额定电流（制造厂规定除外），三相电流偏差是否超过±5%。

⑥检查引线接头部位有无松动、发热、变色现象。

⑦检查电抗器固定是否牢固，水泥柱有无断裂，支持瓷瓶有无裂痕，接点接触是否良好。

⑧检查放电电压互感器是否完好，接地是否良好。

⑨检查母排固定瓷瓶是否完好。

⑩检查设备标识、安全警示牌是否齐全完好。

(2) 填写相关记录。

操作安全提示:

(1) 按照巡视项目及巡视路线巡视。

(2) 巡视时要注意保持与带电设备足够的安全距离。

(3) 发现设备缺陷及时汇报处理。

12. 巡视检查综合自动化系统

准备工作:

(1) 正确穿戴劳动保护用品。

(2) 工具、用具、材料准备:记录本、钢笔或碳素笔。

操作程序:

(1) 巡视检查微机保护装置。

①检查设备电源开关、功能开关、把手位置是否正确,标识是否齐全完好。

②检查设备信息指示灯指示是否正常。

③检查各单元参数是否正确无误,应与现场运行工况一致。

④检查保护装置与监控系统通信是否正常。

⑤检查有无告警信息。

(2) 巡视检查监控主机。

①检查监控主机各界面之间是否能够正确切换。

②检查各设备单元通信是否正常。

③检查所显示的设备状态是否与现场设备状态一致。

④检查监控系统功能(控制、数据采集处理、报警、数据存储等)是否正常。

⑤检查保护信息系统数值是否正确,是否符合现场要求。

⑥检查有无告警信息。

(3) 巡视检查附属设备。

①检查打印机运行是否正常。

②检查 UPS 电源运行是否正常。

③检查音响装置是否良好。

(4) 填写相关记录。

操作安全提示：

(1) 按照巡视项目及巡视路线巡视。

(2) 巡视时要注意保持与带电设备足够的安全距离。

(3) 发现设备缺陷及时汇报处理。

13. 巡视检查保护盘、低压交流屏、直流屏

准备工作：

(1) 正确穿戴劳动保护用品。

(2) 工具、用具、材料准备：记录本、钢笔或碳素笔。

操作程序：

(1) 巡视检查保护盘。

①检查各端子接触是否良好。

②检查各部接线是否正确牢固，有无接地、短路可能。

③检查各继电器内部有无异音、接点位置是否正确。

④检查各线路重合闸指示是否正确。

⑤检查正常励磁的继电器是否励磁。

⑥检查各压板位置是否正确，投入的压板接触是否良好。

⑦检查各压板与系统运行工况是否相符。

⑧检查各单元标识是否齐全完好。

(2) 巡视检查低压交流屏。

①检查各端子接触是否良好。

②检查各部接线是否正确牢固，有无接地、短路可能。

③检查回路熔断器有无松动、熔断丝是否熔断。

④检查交流电源电压是否正常，能否正确切换。

⑤检查交流电源电流是否正常，电能表运行是否正常。

⑥检查所用变压器运行方式是否正确。

⑦检查灯光指示是否正确。

⑧检查各单元标识是否齐全完好。

⑨检查各支路交流电源切换回路能够正确切换。

(3) 巡视检查直流屏。

①检查各端子接触是否良好。

②检查各部接线是否正确牢固，有无接地、短路的可能。

③检查各回路熔断器有无松动、熔断丝是否熔断。

④检查充电装置运行是否正常。

⑤检查蓄电池外观有无异常，电压及浮充电流是否符合规定。

⑥检查直流系统母线是否正常。

⑦检查闪光回路是否正常。

⑧检查各支路运行监视信号是否完好，指示是否正常，自动空气开关位置是否正确。

⑨检查直流系统绝缘状况是否良好。

⑩检查各单元标识是否齐全完好。

(4) 填写相关记录。

操作安全提示：

(1) 按照巡视项目及巡视路线巡视。

(2) 巡视时要注意保持与带电设备足够的安全距离。

(3) 发现设备缺陷及时汇报处理。

14. 巡视检查控制屏、中央信号屏

准备工作：

(1) 正确穿戴劳动保护用品。

(2) 工具、用具、材料准备：记录本、钢笔或碳素笔。

操作程序：

(1) 巡视检查控制屏。

①检查各端子接触是否良好。

②检查各部接线是否正确牢固，有无接地、短路的可能。

③检查各回路熔断器有无松动、熔断丝是否熔断。

④检查表面仪表指示是否正确，有无超过红线值。

⑤检查所有控制开关指示灯指示是否正确。

(2) 巡视检查中央信号屏。

①检查各端子接触是否良好。

②检查各部接线是否正确牢固，有无接地、短路的可能。

③检查各回路熔断器有无松动、熔断丝是否熔断。

④试验所有光字牌信号是否正确。

⑤试验音响回路是否正常。

⑥检查灯光信号指示是否正确。

⑦检查中央信号屏表计指示是否正确。

(3) 填写相关记录。

操作安全提示：

(1) 按照巡视项目及巡视路线巡视。

(2) 巡视时要注意保持与带电设备足够的安全距离。

(3) 发现设备缺陷及时汇报处理。

15. 变电所倒闸操作

准备工作：

（1）正确穿戴劳动保护用品。

（2）工具、用具、材料准备：绝缘手套、绝缘靴、安全帽、线手套、标示牌、倒闸操作票、综合令票、红蓝铅笔、录音电话、直尺、印章、钢笔或碳素笔、微机五防锁钥匙（或回路机械五防锁钥匙）。

操作程序：

（1）调度发布预令。

（2）受令人在操作综合令中记录操作任务、预令时间、调度姓名。

（3）操作人依据调度的操作意图填写倒闸操作票。

（4）监护人审核倒闸操作票，确认正确无误后双方分别签字，并在最后一项填写内容下一行起，左上右下打一条斜直线（封线）。

（5）调度发布操作令，受令人记录令号、发令时间、发令人姓名、并印“油田网调”“区调”章。

（6）模拟预演（操作人、监护人在模拟图上预演，用蓝笔逐项打“√”）。

（7）准备工作（由操作人准备好必要且合格的操作工具、安全护具、验电器、接地线、遮拦、隔板及标示牌），监护人记录开始操作时间。

（8）操作人按操作项目，有顺序地走到应操作的设备前立正，等候监护人唱票。

（9）核对设备：操作人、监护人严格执行“四对照”原则检查设备状态是否完全符合操作项目。

（10）监护人高唱、清晰唱读应操作一个项目的全部

内容。

（11）操作人手指被操作的设备，高声复诵一遍操作项的内容。

（12）监护人认为一切无误后，发布“对，执行”的命令。

（13）操作人只有听到“对，执行”的命令后，方可执行操作（包括打开程序锁）。

（14）每一项操作结束后，操作人和监护人一同检查被操作设备的状态，应与操作项目的要求相符，并处于良好状态，部分操作项目还应该检查表计或信号指示等。

（15）每一个操作项目执行完毕后，操作人向监护人汇报“执行完毕”，监护人确认无误后用红笔将该项目打“√”，然后再进行下一项目的操作，以此类推；严禁所有项目操作结束后一起打“√”或操作前打“√”。

（16）独立检查项的执行，应是监护人唱读检查内容，操作人重复监护人唱读内容，并与监护人共同检查，无误后，操作人高声回答“对”。

（17）拉开关、合开关的时间应记在该项的右侧。

（18）一张倒闸操作票执行完毕后，监护人应记录操作结束时间。

（19）汇报调度，并印“已执行”章。

操作安全提示：

（1）倒闸操作票应根据调度的命令填写，倒闸操作票的填写以调度下令时的运行方式为准。

（2）操作命令应由受令人员受令，由操作人依据操作顺序逐项填写操作票，不准并项、漏项或颠倒顺序。

（3）模拟预演时要严格按照票面填写顺序逐项唱票操作。

(4) 操作时应持写好的倒闸操作票操作，严禁离开倒闸操作票凭记忆操作。操作时必须按倒闸操作票填写顺序逐项严格执行，不得跳项、漏项、添项、并项，不得擅自更改操作顺序及项目。

(5) 在操作过程中，监护人要自始至终认真监护。操作人和监护人的关系是被领导和领导的关系，操作人必须听从监护人的指挥，没有监护人的命令，操作人不得擅自操作和做其他工作。如果监护人有错误，操作人有权利拒绝操作，并说明理由，如果意见不一致，应立即向调度和所领导汇报，弄清问题后再继续操作。操作中必须由高级别人员监护低级别人员，严禁低级监护高级。

(6) 操作中发生疑问时，应立即停止操作，但不准擅自更改操作票，应立即向调度汇报，直至确认无误后，方可继续操作。

(7) 在倒闸操作中严禁穿插口头令的操作。

(8) 在正常倒闸操作中，发生事故或异常时，应暂停操作，汇报调度，先处理事故或异常，后与调度联系是否继续操作，停顿时间应在“备注”栏内注明。

(9) 操作过程中如有调度电话，应先接听电话，再进行操作。

(10) 与调度的联系应严格执行录音制度。

(11) 时间一律用24小时两位数制填写，如“××时××分”。

(12) 工具、护具使用前必须检查完好性，以防因护具不合格而造成人身或设备事故。

16. 高压设备验电

准备工作：

(1) 正确穿戴劳动保护用品。

(2) 工具、用具、材料准备：绝缘手套、绝缘靴、安全帽、操作票、高压验电器、红蓝铅笔、绝缘靴（根据现场情况使用）。

操作程序：

(1) 检查验电器。

①选用相应电压等级的验电器。

②检查验电器在有效期内。

③检查验电器外观清洁，良好、无破损、无划伤、无受潮（包括绝缘杆、护环、工作触头），拉伸长度符合要求。

④按下验电器试验按钮，检查验电器声光指示正确。

(2) 正确验电。

①试验验电器完好：操作人、监护人来到带电设备适合验电的位置，监护人监护，操作人将验电器杆体全部拉伸开并固定良好后，手握验电器护环以下的部位，逐渐靠近有电设备，直至验电器发出声光信号为止（10kV 以上验电器工作触头不用完全接触带电体）。一个操作任务中有两处及以上位置需用同一验电器进行验电时，无须重复试验验电器是否完好。

②操作人、监护人来到设备需装设接地线或合接地刀闸处，操作人确认悬挂接地线的合适验电位置。

③如果验电器长度不够，由操作人准备绝缘凳，监护人保持原地不动。

④监护人高声唱票，操作人目视待验电处高声复诵。

⑤监护人发出“对，执行”的允许操作命令。

⑥操作人在指定验电位置由最近一相到最远一相逐项验电（工作触头必须接触到被验电设备），操作人、监护人确认验电结果（验电器无反应说明无电）。

⑦操作人回答“执行完毕，确无电压”。

⑧监护人在操作票本项操作项目上打红色“√”。

⑨本项操作完成。

操作安全提示：

(1) 高压验电必须戴绝缘手套、穿绝缘靴，验电时应使用电压等级且经试验合格的专用验电器。

(2) 雨天在室外验电时，禁止使用普通（不防水）的验电器或绝缘拉杆，以免其受潮闪络或沿面放电，引起事故，雨雪天气不得进行室外直接验电。

(3) 验电器使用前要将绝缘棒长度拉足，手应握在手柄处，不得超过护环操作人员必须与带电部分保持足够的安全距离。

(4) 如果在木杆、木梯或木架构上验电，不接地线不能指示者，可在验电器上接地线，但必须经值班负责人许可。

(5) 验电时应先验离自己最近处，后验离自己最远处。

(6) 验电时，必须在停电设备的各侧（如开关的两侧，变压器高、中、低三侧等）以及需要短路接地的部分逐项分别验电，若装接地线时可能碰触设备其他部位或其他设备可能带电时应一并进行验电。

(7) 验电器使用过程中，杆体不要触碰设备构架。

(8) 验电时不要攀登设备构架，必要时使用绝缘凳。

(9) 验电器使用完毕后，应收缩杆体，并将表面擦拭干净后放入包装袋，存放在干燥处。

(10) 安全护具使用前必须检查完好性，以防因护具不合格而造成人身或设备事故。

17. 检修设备装设接地线

准备工作：

(1) 正确穿戴劳动保护用品。

(2) 工具、用具、材料准备：绝缘手套、绝缘靴、安全帽、地线操作票、接地线、红蓝铅笔、微机五防锁钥匙（或回路机械五防锁钥匙）、绝缘凳（根据现场情况使用）、活动扳手。

操作程序：

(1) 检查接地线及操作棒。

①选择相应电压等级且编号正确的接地线。

②检查接地线护套完好。

③检查接地线外观良好，无破损，无散股、断股现象。

④检查接地线线夹、接线鼻完好，使用灵活，机械强度足够，无断裂，无松动。

⑤选用电压等级合适的操作棒。

⑥检查操作棒在有效期内。

⑦检查操作棒外观完好、干燥，无损伤，不应粘有油污、泥等杂物。

⑧检查操作棒的端头应无破损。

⑨检查操作棒的防雨罩上口应与绝缘部分紧密结合，无渗漏现象。

(2) 装设接地线。

①操作人走到接地线接地桩处站正位置，监护人高声唱票，操作人目视悬挂接地线导体端处高声复诵。

②监护人核对无误后，发出“对，执行”的允许操作命令。

③操作人打开接地桩五防程序锁；装设接地线接地端；

监护人保持原地不动，监督操作人的动作。

④操作人按照先近后远的次序逐项装设接地线导体端。

⑤监护人、操作人检查接地线的悬挂符合要求。

⑥操作人回答“执行完毕”。

⑦监护人在操作票本项操作项目上打红色“√”。

⑧本项操作完成。

操作安全提示：

(1) 人体不得触碰未接地的导线，装设地线导体端应使用绝缘棒，人体不得碰触地线。人体、地线操作棒以及地线应稳定，所装接地线与带电部分应保持足够的安全距离，若已装接地线发生摆动与带电部分的距离不符合安全距离要求时，应采取相应措施。

(2) 装设接地线必须先接接地端，后接导体端。地线接地端必须与现场接地端接触良好。地线线夹应接在现场相应的接地位置上，且保证接触良好。严禁将地线缠绕在设备上或将接地端缠绕在接地体上，以免接触不良。禁止使用不符合规定的导线作接地或短路之用。

(3) 装设接地线不宜单人进行。

(4) 电缆及电容器接地前应逐项充分放电，星形接线电容器的中性点应接地。

(5) 配电装置上，接地线应装设在导电部分的适当部位，且先装离自己最近的一相，后装离自己最远的一相。

(6) 装设接地线前，先将地线在现场理顺并展放好。

(7) 可能送电至停电设备的各侧都应接地。当验明设备确无电压后，应立即将检修设备接地（装设接地线或合接地刀闸）并三相短路。在开关柜内开关两侧装设接地线时，应在开关两侧分别验电后，再分别装设接地线。

(8) 装设接地线时，操作人员必须戴绝缘手套，以免受感应（或静电）电压的伤害，条件许可时应尽量使用装有绝缘手柄的地线或接地开关代替地线，以减少操作人员与一次系统直接接触的机会，以免触电。因平行或邻近带电设备导致检修设备可能产生感应电压时，应加装接地线或使用个人保安线。

(9) 装设接地线时，同一电压等级应先装设调度管理的接地线后，再装设变电所自管的接地线。

(10) 装设接地线不能攀登设备构架，必要时应站在绝缘台上。

(11) 工具、护具使用前必须检查完好性，以防因护具不合格而造成人身或设备事故。

18. 拆除接地线

准备工作：

(1) 正确穿戴劳动保护用品。

(2) 工具、用具、材料准备：绝缘手套、绝缘靴、安全帽、安措令票、接地线、地线操作棒、红蓝铅笔、微机五防锁钥匙（或回路机械五防锁钥匙）、绝缘凳（根据现场情况使用）、活动扳手。

操作程序：

(1) 监护人和操作人一起来到需拆除接地线处，找到需拆除的接地线。

(2) 监护人高声唱票，操作人目视悬挂接地线导体端处高声复诵。

(3) 监护人核对接地线装设位置和接地线编号正确后，发出“对，执行”的允许操作命令。

(4) 操作人打开接地端的五防程序锁，此时不拆除接地端，监护人保持原地不动，监督操作人的动作。

(5) 操作人按照先远后近的顺序逐项拆除接地线导体端。

(6) 操作人拆除接地线接地端，锁上五防程序锁。

(7) 操作人回答“执行完毕”。

(8) 监护人在操作票本项操作项目上打红色“√”。

(9) 本项操作完成。

操作安全提示：

(1) 拆除接地线必须先拆导体端，后拆接地端。拆除接地线导体端时，先拆离自己最远的一相，后拆离自己最近的一相。

(2) 拆除接地线必须由两人进行。

(3) 拆除接地线时，同一电压等级应先拆除变电所自管的接地线，后拆除电力调度管理的接地线。

(4) 拆除接地线时，操作人员必须戴绝缘手套。

(5) 拆除地线过程中，人体不得碰触地线或未接地的导线。人体、地线操作杆以及地线应稳定，所拆接地线与带电部分应保持足够的安全距离（要考虑地线摆动时的距离）。

(6) 拆除接地线不能攀登设备构架，必要时应站在绝缘台上。

(7) 工具、护具使用前必须检查完好性，以防因护具不合格而造成人身或设备事故。

19. 使用数字万用表测试直流（交流）电压

准备工作：

(1) 正确穿戴劳动保护用品。

(2) 工具、用具、材料准备：线手套、数字万用表、

记录本、钢笔或碳素笔。

操作程序：

(1) 检查万用表电量充足，表笔绝缘良好。

(2) 将红表笔插入标有“V/Ω”的插孔中，黑表笔插入标有“COM”的插孔中。

(3) 将功能选择开关旋转到“DCV（直流电压）或ACV（交流电压）”所对应的区域内，根据被测对象选择合适的量程。

(4) 戴好线手套。

(5) 按下万用表电源开关即可进行测试，读值。

(6) 若所测电压超过所选定的量程，则万用表显示为“1”，此时可增加量程，直至合适为止。

(7) 测量完毕，将万用表功能选择开关置于交流电压最高挡或空挡上。

操作安全提示：

(1) 表笔必须接触良好，严禁缠绕；禁止使用不符合规定的万用表，以防触电。

(2) 测量中严禁将仪表及被测设备损坏。

(3) 使用万用表进行带电测量时必须戴线手套，禁止直接手握表笔金属杆，以防触电。

(4) 万用表档位必须选择正确。若不知被测电压的大约值，应先用最高挡位估测出被测值的大小，再选择合适的量程进行测量，以免烧坏仪表；严禁在带电情况下，切换万用表量程，以免损坏万用表功能选择开关。

(5) 测量直流电压时，要注意表笔的极性；测量中避免造成直流接地或短路。

(6) 测量时，注意与带电部分保持足够的安全距离，避免触电。

(7) 万用表使用完毕，必须将功能选择开关调至交流电压最大挡或空挡，以防下次使用时因未切换挡位烧毁万用表。

20. 使用钳形电流表测量交流电流

准备工作：

(1) 正确穿戴劳动保护用品。

(2) 工具、用具、材料准备：绝缘手套、钳形电流表、记录本、钢笔或碳素笔。

操作程序：

(1) 检查被测导线绝缘良好。

(2) 选择电压等级合适的钳形电流表。

(3) 检查钳形电流表钳口无污物，外观无损伤、损坏，测量点满足操作时的安全要求。

(4) 戴好绝缘手套。

(5) 估算被测回路电流的大小，选择合适的量程。如果无法估测电流大小，可将钳形电流表打到最大电流挡。

(6) 将被测导线放入钳口的中央，钳口闭紧，观察指针是否超过中间刻度线。如果指针偏转太小或超出量程，说明量程不合适，需要更换量程。

(7) 读取数值，判断三相负荷是否平衡。

(8) 测量完毕后，将钳形电流表档位开关置于交流电流最大挡或空挡。

操作安全提示：

(1) 使用钳形电流表时应注意钳形电流表的电压等级。测量时应戴绝缘手套，站在绝缘物上，不应触及其他设备，以防短路或接地。观测表计时，注意保持头部与带电部分的

安全距离，避免触电。

（2）使用钳形电流表测量时，表笔必须接触良好，表笔线严禁缠绕。

（3）测量5A以下的小电流时，为了获得较准确的测量值，在条件允许的情况下，可将被测载流导体多绕几圈，再放进钳口进行测量。此时，实际电流值应该等于仪表上的读数除以放进钳口的导线圈数。测量低压熔断器或水平排列低压母线电流前，应将各相熔断器和导线用绝缘材料加以隔离。

（4）若量程不合适，需要转换量程时，必须将钳口打开，保证在不带电的情况下旋转量程开关，以免损坏仪表。

（5）钳形电流表不允许超量程使用，禁止使用普通钳形电流表测量高压线路或电缆的电流。

（6）测量中严禁将仪表及被测设备损坏。

（7）钳形电流表使用完毕，应将挡位开关置于交流电流最大挡或空挡，以防下次使用时，因未选择量程就进行测量而损坏仪表。

21. 使用兆欧表测量电动机绝缘电阻

准备工作：

（1）正确穿戴劳动保护用品。

（2）工具、用具、材料准备：500V兆欧表、常用电工工具、连接线（短接线）若干、备用电动机。

操作程序：

（1）拆开电动机接线盒，拆掉电动机接线以及星、角连接片，并擦拭电动机接线柱。

（2）将兆欧表放置平稳，检查连接线无绝缘破损。

（3）检验兆欧表：将兆欧表的两表线分开，摇动兆欧表的手柄，观察兆欧表指针应指在“∞”的位置，说明表开路检验良好；再轻摇兆欧表，将两表线金属头轻碰一下，观察兆欧表指针快速回到“0”位置，说明兆欧表短路检验良好。

（4）测量三相异步电动机绕组间绝缘电阻：将一只表笔接在上排第一个接线柱上，将另一只表笔接在上排第二个接线柱上，摇动兆欧表手柄，摇动的转速应保持在120r/min，持续1min，观察并记录兆欧表指示值。

（5）将一只表笔摘下接在上排第三个接线柱上，按照步骤（4）测量并记录计算结果，再将另一只表笔接在上排第二个接线柱上，按照步骤（4）继续测量，记录结果。

（6）测量完毕，用短接线将三相绕组对地放电。

（7）三次记录结果均大于0.5MΩ为合格。

（8）进行电动机三相绕组对地绝缘情况的测量：将表笔L接在上排第一个接线柱上，将表笔E接在电动机接地端子上，摇动兆欧表手柄，摇动的转速应保持在120r/min，持续1min，观察并记录兆欧表15S和60S时的指示值。

（9）将接在第一组线圈接线柱上的表笔依次换接在上排的其他接线柱上，进行另外两组线圈的测量，同样要记录测量结果。

（10）测量完毕，用短接线将三相绕组对地放电。

（11）记录的6个数值如都大于0.5MΩ，且吸收比（60s时的绝缘电阻值与15s时的绝缘电阻值之比）大于1.3，则判定电动机绝缘电阻为合格。

（12）测量完毕，恢复电动机短接片及接线盒，清理测量场地。

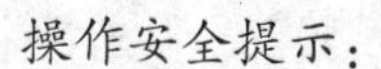

操作安全提示：

（1）如被测电动机为运行电动机，必须先将电源断开，开关操作把手上挂“禁止合闸，有人工作”标示牌。

（2）兆欧表与被测设备之间连接导线不能用双股绝缘线或绞线，只能用两根单股线连接，以免线间电阻引起的误差。

（3）测量设备的绝缘电阻时，应记下测量时的温度、湿度、被测设备的状况等，便于正确分析测量结果。

（4）将电动机接线头复原时，要按原来的接线方式接线。

（5）兆欧表使用不当可能会导致触电或仪表损坏。

22. 制作低压电缆头

准备工作：

（1）正确穿戴劳动保护用品。

（2）工具、用具、材料准备：1000V 兆欧表 1 块，电工刀 1 把，钢锯 1 根，压接钳 1 把，四色塑料带各一卷，$3\times16mm^2+1\times10mm^2$（三相四线制四芯电缆，规格为相线 3 根 $16mm^2$，零线 1 根 $10mm^2$）铝芯电缆若干，配套电缆冷缩头 1 只，$16mm^2$铝线鼻子 3 只。

操作程序：

（1）测试电缆绝缘。

①选用 1000V 摇表对电缆进行测试，绝缘电阻应大于 10MΩ。

②电缆绝缘测试完毕后，应将线芯分别对地放电。

（2）包缠电缆，套电缆终端头套。

①剥去电缆外包绝缘层，将电缆头套下部先套入电缆。

②根据电缆头的型号尺寸，按照电缆头套长度和内径，用

塑料带采用半叠法包缠电缆，塑料带应包缠紧密，形成枣核状。

③将电缆头套上部套上，与下部对接、套严，拉出支撑塑料件。

（3）压接电缆芯线接线鼻子。

①从芯线端头量出鼻子线孔深度，再另加5mm，剥去电缆芯线绝缘并在线芯上涂上导电膏。

②将线芯插入接线端子内，用压接钳压紧接线鼻子，压接坑应在两道以上，大规模接线端子应采用液压机械压接。

③根据不同的相位，采用黄、绿、红、蓝四色塑料带分别包缠电缆各芯线至接线鼻子的压接部位。

操作安全提示：

（1）剥削电缆外包绝缘层时钢铠可能会造成划伤。

（2）压接钳可能会压伤手指。

二、常见故障判断处理

1. 在值班员负责设备上或管辖区域内发生故障，值班员应遵照哪些顺序处理故障？

（1）根据表计的指示和设备的外部特征，判断事故的全面情况。

（2）如果对人身和设备有威胁时，应立即设法解除这种威胁，并在必要时停止设备的运行；如果对人身和设备没有威胁，应设法保持和恢复设备的正常运行，特别注意对未直接受到损害的设备进行隔离，保证它们的正常运行，根据现场事故处理规程必要时启动备用设备。

（3）迅速进行检查和试验判断故障的性质、地点及其范围，并汇报电力调度。

（4）对所有未受到损害的设备，保持其运行；对于有故障的设备在判明故障部分和故障性质后，进行必要的处理。

（5）为防止事故扩大，必须主动将事故处理每一阶段迅速而正确地报告给直接上级领导，否则即使不是严重事故，也可能因缺乏正确的协作而造成变配电所的混乱。

注意事项：

（1）必须迅速正确，不应慌乱。

（2）值班员只有从负有设备管辖责任的上级专业人员或电力调度接到处理事故的命令方可执行，命令执行以后要立即报告发令者。

（3）不允许仅根据表计的指示来判断命令执行情况，务必有人记录操作的执行时间和事故有关的现象。

2. 在什么情况下值班人员可先操作后汇报？

发生下列情况之一可先操作后汇报：

（1）将直接对人员生命有威胁的设备停电。

（2）将已损坏的设备隔离。

（3）运行中的设备有受损伤的威胁时，根据现场事故处理规定加以隔离。

（4）当母线电压消失时，将连接到该母线上的开关拉开。

注意事项：

（1）以上各项操作当电工值班长或技术员不在时，电气值班员立即执行。

（2）未经电力调度的命令而进行的操作应尽快汇报电力调度。

3. 运行中热继电器常见故障及排除的方法有哪些？

故障现象1：

用电设备工作正常但热继电器频繁动作，或电气设备烧毁但热继电器不动作。

故障原因1：

(1) 热继电器整定电流与被保护设备额定电流值不符。

(2) 热继电器可调整部件固定螺栓松动，或不在原整定点上。

(3) 热继电器通过了过大短路电流后，双金属片产生永久变形。

(4) 热继电器久未校验，灰尘聚积、生锈、动作机构卡住，磨损，零件变形等。

(5) 热继电器可调整部件损坏或未对准刻度。

(6) 热继电器外接线螺栓未拧紧或连接线不符合规定。

处理方法1：

(1) 按保护设备容量来更换热继电器。

(2) 将螺栓拧紧，重新进行调整试验。

(3) 对热继电器重新进行调整试验或更换热继电器。

(4) 清除灰尘污垢，重新进行校验。

(5) 修好损坏部件，并对准刻度，重新调整。

(6) 把螺栓拧紧或换上合适的接线。

故障现象2：

热继电器动作时快时慢。

故障原因2：

(1) 内部机构有某些部件松动。

(2) 双金属片已经弯曲。

(3) 外接螺栓未拧紧。

处理方法2：

(1) 将机构部件加固拧紧。

(2) 用高倍电流试验几次或将双金属片拆下热处理，

以去除热应力。

(3) 拧紧外接螺栓。

4. 接触器运行中出现故障如何处理？

故障现象1：

吸不上或吸力不足。

故障原因1：

(1) 电源电压过低或波动太大。

(2) 操作回路电源容量不足或发生断线、配线错误及控制触头接触不良。

(3) 线圈技术参数与使用条件不符。

(4) 产品本身受损，如线圈断线或烧毁、机械可动部分被卡住、转轴生锈或歪斜等。

(5) 触头弹簧压力与超程过大。

处理方法1：

(1) 调高电源电压或查找电源波动原因。

(2) 增加电源容量，更换线路、修理控制触头。

(3) 更换线圈、排除卡住故障，修理受损零件。

(4) 调整触头参数。

故障现象2：

不释放或释放缓慢。

故障原因2：

(1) 触头弹簧压力过小。

(2) 触头熔焊。

(3) 机械可动部分被卡住，转轴生锈或歪斜。

(4) 反力弹簧损坏。

(5) 铁芯极面有油污或尘埃粘着。

(6) E形铁芯，长期使用，因去磁气隙消失，剩磁增大，使铁芯不释放。

处理方法2：

（1）调整触头参数。

（2）排除熔焊故障，修理或更换触头。

（3）排除卡住现象，修理受损零件。

（4）更换反力弹簧。

（5）清理铁芯极面。

（6）更换铁芯。

故障现象3：

线圈过热或烧损。

故障原因3：

（1）电源电压过高或过低。

（2）线圈技术参数（如额定电压、频率、通电持续率及适用工作制等）与实际使用条件不符。

（3）操作频次过高。

（4）线圈制造不良或由于机械损伤、绝缘损坏等。

（5）运动部件卡住。

（6）交流铁芯极面不平或中间气隙过大。

（7）交流接触器因动断联锁触头熔焊不释放，而使线圈过热。

处理方法3：

（1）调整电源电压。

（2）调换线圈或接触器。

（3）更换接触器并注意控制操作频次。

（4）更换线圈，排除引起线圈机械损伤的故障。

（5）排除卡住现象。

（6）清除铁芯极面或更换铁芯。

(7) 更换联锁触头及更换烧坏线圈。

故障现象4：

电磁铁（交流）噪声大。

故障原因4：

(1) 电源电压过低。

(2) 触头弹簧压力过大。

(3) 磁系统机械卡住。

(4) 极面生锈或因异物（如油垢、尘埃）侵入铁芯极面。

(5) 短路环断裂。

(6) 铁芯极面磨损过度而不平。

处理方法4：

(1) 提高操作回路电压。

(2) 调整触头弹簧压力。

(3) 排除机械卡住故障。

(4) 清理铁芯极面。

(5) 更换短路环。

(6) 更换铁芯。

故障现象5：

触头熔焊。

故障原因5：

(1) 操作频率过高或产品过负载使用。

(2) 负载侧短路。

(3) 触头弹簧压力过小。

(4) 触头表面有金属颗粒突起或异物。

(5) 操作回路电压过低或机械上卡住，致使吸合过程中有停滞现象，触头停顿在刚接触的位置上。

处理方法5：

(1) 调整合适的接触器。

(2) 排除短路故障、更换触头。

(3) 调整触头弹簧压力。

(4) 清理触头表面。

(5) 调高操作电源电压，排除机械卡住故障，使接触器吸合可靠。

故障现象6：

触头过热或灼伤。

故障原因6：

(1) 触头弹簧压力过小。

(2) 触头上有油污或表面高低不平，有金属颗粒突起。

(3) 触头由于长期工作或工作环境恶劣而老化。

(4) 操作频率过高或工作电流过大，触头的断开容量不够。

(5) 触头的超程过小。

处理方法6：

(1) 调高触头弹簧压力。

(2) 清理触头表面。

(3) 更换接触器并设法改变接触器的工作环境。

(4) 更换容量较大的接触器。

(5) 调整触头超程或更换触头。

故障显现7：

相间短路。

故障原因7：

(1) 可逆转换的接触器联锁不可靠，由于误动作，致使两台接触器同时投入运行可造成相间短路，或因接触器动

作过快，转换时间短，在转换过程中发生电弧短路。

（2）尘埃堆积或有水气、油垢，使接触器绝缘变坏。

（3）接触器零部件损坏（如灭弧室碎裂）。

处理方法7：

（1）检查电气联锁与机械联锁；在控制电路上加中间环节或调换动作时间长的接触器，延长可逆转换时间。

（2）经常清理，保持清洁。

（3）更换损坏零件。

5. 继电器运行中出现故障如何处理？

故障现象：

（1）衔铁不吸合。

（2）运行中继电器噪声大。

（3）断电后，衔铁不能立即释放。

（4）触点过热、磨损、熔焊等。

故障原因：

（1）线圈断线，动铁芯、静铁芯之间有异物，电源电压过低等造成的。

（2）动铁芯、静铁芯接触面不平整，或有油污染造成的。

（3）动铁芯被卡住、铁芯气隙太小、弹簧劳损和铁芯接触面有油污等造成的。

（4）引起触点过热的主要原因是容量不够，触点压力不够，表面氧化或不清洁等。引起磨损加剧的主要原因是触点容量太小，电弧温度过高使触点金属氧化等。引起触点熔焊的主要原因是电弧温度过高，或触点严重跳动等。

处理方法：

（1）检查线圈是否开焊；观察动铁芯、静铁芯之间是否附着异物；使用万用表电压挡测量线圈电压是否符合继电器工作电压。

(2) 修理时，应取下线圈，锉平或磨平其接触面，如有油污应进行清洗。噪声大也可能是由于短路、环断裂引起的，修理或更换新的短路环即可。

(3) 检修时应针对故障原因区别对待，或调整气隙使其保持在0.02~0.05mm，或更换弹簧，或用清洗剂清洗油污。

(4) 触点的检修顺序如下：

①打开外盖，检查触点表面情况。

②如果触点表面氧化，对银触点可不作修理，对铜触点可用油光锉锉平或用小刀轻轻刮去其表面的氧化层。

③如果触点表面不清洁，可用四氯化碳清洗。

④如果触点表面有灼伤烧蚀痕迹，对银触点可不必整修，对铜触点可用油光锉或小刀整修；不允许用砂布或砂纸来整修，以免残留砂粒，造成接触不良。

⑤触点如果熔焊，应更换触点。如果是因触点容量太小造成的，则应更换容量大一级的继电器。

⑥如果触点压力不够，应调整弹簧或更换弹簧来增大压力，若压力仍不够，则应更换触点。

6. 熔断器运行中出现故障如何处理？

故障现象1：

电路接通瞬间，熔断丝熔断。

故障原因1：

(1) 熔断丝电流等级选择过小。

(2) 负载侧短路或接地。

(3) 熔断丝安装时受机械损伤。

处理方法1：

（1）更换熔断丝。

（2）排除负载故障后，更换熔断丝。

故障现象 2：

熔断丝未见熔断，但电路不通。

故障原因 2：

熔断丝或接线座接触不良。

处理方法 2：

紧固触点，重新连接。

7. 电气设备短路故障如何处理？

故障现象 1：

（1）一相电流增大，一相电压降低，电流增大、电压降低为同一相别。

（2）出现零序电流、零序电压，零序电流相位与故障相电流同相，零序电压与故障相电压反相。

故障原因 1：

单相接地短路故障。

故障现象 2：

（1）两相电流增大，两相电压降低，电流增大、电压降低为相同两个相别。

（2）没有零序电流、零序电压。

（3）两个故障相电流基本反相。

故障原因 2：

两相短路故障。

故障现象 3：

（1）两相电流增大，两相电压降低，出现零序电流、零序电压。

（2）电流增大、电压降低为相同两个相别。

故障原因3：

两相接地短路故障。

故障现象4：

三相电流增大，三相电压降低，没有零序电流、零序电压。

故障原因4：

三相短路故障。

处理方法：

(1) 值班电工首先应分清是母线故障还是单回路设备故障。

(2) 如果母线故障，应立即拉开进线开关，将进线开关转冷备用，查找故障点，排除后可恢复供电。

(3) 如果是单回路故障，拉开该回路主开关，查找故障点，排除后可恢复供电。

(4) 在送电前应对保护进行检查校验，核对保护定值。

8. 主变压器跳闸如何处理？

故障现象：

(1) 警铃、蜂鸣器响，“信号未复归”光字牌亮。

(2) 跳闸主变压器高、低两侧开关绿灯闪光，保护动作信号继电器掉牌。

(3) 跳闸主变压器电流表计数归零，另一台主变压器电流升高。

处理方法：

(1) 复归音响、信号继电器。

(2) 检查继电保护动作情况，并根据跳闸时的外部现象（如变压器是否过负荷、电网是否有冲击等），判断事故的原因，尽快将停电设备送电。

（3）如果是变压器主保护动作（瓦斯、差动），必须查原因，消除故障，否则不得将变压器送电。

（4）如果是变压器后备保护动作（过流），确系外部短路或人员误触引起的，可不必对变压器检查即可送电，若再次跳闸，必须查明原因。

（5）当一台变压器跳闸后，造成另一台变压器严重过载时，应立即汇报电力调度，根据电力调度的指令按给定的限电顺序拉开一部分馈出线负荷，并同时在各种记录体现清楚。

9. 变压器运行中突然喷油怎么处理？

故障现象：

变压器运行中突然喷油。

故障原因：

（1）匝间短路等局部过热使绝缘损坏。

（2）变压器受潮使绝缘受潮损坏。

（3）雷击等过电压现象使绝缘损坏并导致内部短路。

（4）线组导线焊接不良、引线连接松动等因素在大电流冲击下可能造成断线，断点处产生高温电弧使油气化促使内部压力增高。

处理方法：

（1）当变压器喷油立即切开高低压电源。

（2）对变压器应进行降温处理，防止油温过高发生着火，禁止用水降温。

（3）应打开变压器的放油口进行放油，放出的油应用沙土埋上。

（4）在处理过程中，应具备足够的消防器材，以防油温过高产生着火。

(5) 查明原因及时汇报电力调度。

10. 电流互感器在运行中可能出现哪些现象？怎样处理？

故障现象：

(1) 电流互感器本体发出“嗡嗡”声，严重者冒烟起火。

(2) 开路处发生火花放电。

(3) 在运行中发生二次回路开路时，会使三相电流表指示不一致、功率表指示降低、计量表计转速缓慢或不转，若是连接螺栓松动还可能有打火现象。

(4) 电流表指示降为零，有功表、无功表的指示降低或摆动，电能表转慢或停转。

(5) 差动断线光字牌示警。

处理方法：

(1) 立即把故障现象报告上级或电力调度。

(2) 根据故障现象判断开路故障点。

(3) 根据现象判断是测量回路还是保护回路。

(4) 在开路处进行连通，带有差动保护回路的，在短接前应先停用差动保护。

(5) 开路处不明显时，应根据接线图进行查找。若通过表面检查不出时，可以分段短路电流互感器二次或分别测量电流回路各点的电压来判断。

(6) 若无法带电短接，应立即申请停电处理。

(7) 检查二次回路开路的工作，必须注意安全，使用合格的绝缘工具。

(8) 在故障范围内，应检查容易发生故障的端子及元件，检查回路有工作时触动过的部位。

(9) 对检查出的故障，能自行处理的，如接线端子等

外部元件松动、接触不良等，可立即处理，然后投入所退出的保护。若开路故障点在互感器本体的接线端子上，对于10kV及以下设备应停电处理。

（10）若是不能自行处理的故障（如互感器内部故障），或不能自行查明故障，应上报电力调度。

11. 电压互感器断电时会出现哪些现象？怎样处理？

故障现象：

警铃响，保护信息弹出故障内容，“告警总信号”、“PT断线告警”灯闪红光，熔断相电压降低或归零，其他两相不变。

处理方法：

（1）确认音响和告警信号、复归保护动作信号，记录时间、现象。

（2）汇报电力调度及所长。

（3）按调度指令检查二次熔断丝是否熔断。

（4）如二次熔断丝完好，根据调度指令拉开该互感器刀闸。

（5）穿绝缘靴、戴绝缘手套，验明刀闸三相动触头和电压互感器无电压，进入互感器柜内取下一次熔断丝，换上完好同规格的熔断丝。

（6）汇报调度，按调度指令将电压互感器开关推至运行位置。

（7）做好记录。

注：综合自动变（配）电所及采用小车开关的变（配）电所参考以上方法执行。

12. 如果发生隔离开关接触部分过热时应怎样处理？

故障现象：

隔离开关接触部分过热。

处理方法：

(1) 当隔离开关的接触部分发生过热时，必须立即减少负荷。

(2) 如该隔离开关与母线连接，则应尽可能停止使用，只有在不得已的情况下，例如停该隔离开关会引起停电时，才允许暂时继续使用，但此时应该设法减少其发热，并对该隔离开关进行监视，如果该隔离开关的温度剧烈上升，应将其切断。

(3) 如系线路隔离开关，则可减低负荷，继续运行，但仍应加强监视。

13. 变压器异常超温怎么处理?

故障现象：

运行时变压器在负荷、散热条件、环境温度都不变的情况下，温度不断升高。

处理方法：

(1) 检查变压器的负荷和冷却介质的温度，并与在同一负荷和冷却介质温度下应有的油温核对，判明是否异常。

(2) 核对远方测温与本体温度表，查看是否指示有误。

(3) 检查冷却装置是否正常，若冷却装置故障，应报告电力调度调整负荷，使主变压器油温降低到允许范围内。

(4) 若发现油温较平时同样负荷、同样冷却条件下高出10℃以上，或变压器负荷不变油温不断上升，而检查冷却装置和温度计正常，则认为变压器内部发生故障而保护未动作，应报告电力调度，转移负荷后停止变压器运行。

14. 瓦斯继电器动作怎么处理?

故障现象：

变压器瓦斯继电器动作。

处理方法：

（1）瓦斯继电器动作发出信号时，应先查看信号指示、记录动作时间、汇报电力调度。

（2）查明瓦斯保护继电器动作原因，是否因空气侵入变压器内、油位降低，或者瓦斯保护二次回路故障。

（3）检查变压器温度是否异常升高，声音是否正常，油枕、防爆筒、压力释放阀、套管、外壳、散热器有无破损。

（4）油枕油标中油位是否正常，油色有无变化。

（5）收集瓦斯继电器中气体，根据气体颜色和可燃性判断故障原因，见下表。

气体颜色	可燃性	故障性质
黑色或灰色	易燃	油内发生闪络，油因过热而分解
黄色	不易燃	本质部分分解
浅灰色（白色）	可燃	绝缘材料有损伤
无色	不可燃	空气侵入内部

（6）气体颜色鉴别必须迅速，检查气体若是可燃的，应报告电力调度，停止变压器运行。如果气体不可燃，又不是空气，应检查变压器油的闪点，若比额定闪点降低5℃以上时，应停电检修。

（7）如为空气入侵变压器内引起，值班人员应将瓦斯继电器内积存的空气放出，可继续运行，并注意监视瓦斯继电器动作信号的时间间隔，如连续发生信号时间越来越短，则证明空气侵入强度增加，应报告电力调度，申请将瓦斯保护由跳闸位置改为信号位置。

注：综合自动变（配）电所及采用小车开关的变（配）

电所参考以上方法执行。

15. 变压器过负荷怎么处理?

故障现象:

电流指示超额定值或出现变压器“过负荷”信号、“温度高”信号和音响报警等信号。

处理方法:

(1) 根据主变压器容量和冷却方式,查负荷曲线来确定过负荷倍数。

(2) 过负荷时要计算过载的负荷倍数,环境温度、过负荷数值、时间等应做详细记录。

(3) 过负荷运行时,每半小时抄表一次,并注意监视变压器运行情况。

(4) 主变压器发生事故过负荷,应立即汇报电力调度,按电力调度命令处理。

(5) 当与电力调度联系中断或来不及转移负荷,主变压器事故过负荷超过允许运行时间或事故过负荷倍数超过1.7倍以上时,变电所值班员可根据负荷类别按规定限电,之后汇报电力调度。

注:综合自动变(配)电所及采用小车开关的变(配)电所参考以上方法执行。

16. 变压器分接开关接触不良怎么处理?

故障现象:

变压器油箱上有“吱吱”的放电声,电流表随声音发生摆动,瓦斯保护发出信号,油的闪点降低。

故障原因:

(1) 分接开关触头弹簧压力不足,使有效接触面积减少,以及严重磨损等引起分接开关烧毁。

（2）分接开关接触不良，受短路电流的冲击而发生故障。

（3）切换分接开关时，由于分头位置切换错误，引起开关烧坏。

（4）相间距离不够，或绝缘材料性能降低，在过电压作用下短路。

处理方法：

（1）测量分接头的直流电阻，若完全不通，是分接头全部烧坏，若分接头直流电阻不平衡，是个别触头烧坏。

（2）分接头全部烧坏时，应及时更换。

（3）触头压力不平衡的，应适当调节分接开关触头弹簧，保持触头压力平衡。

（4）使用时间较久的触头，表面常有氧化膜或油污，应进行清洗。

注：综合自动变（配）电所及采用小车开关的变（配）电所参考以上方法执行。

17. 真空开关分闸失灵如何处理？

故障现象：

（1）断路器远方遥控分闸拒分闸。

（2）就地手动分闸拒分闸。

（3）事故时继电保护动作，但断路器拒分。

故障原因：

（1）分闸操作回路断线。

（2）分闸线圈断线。

（3）操作电源电压降低。

（4）分闸线圈电阻增加，分闸力降低。

（5）分闸顶杆变形，分闸时存在卡涩现象，分闸力降低。

（6）储能电动机回路故障。

处理方法：

(1) 检查操作电压是否正常。

(2) 真空断路器分闸失灵后，立即汇报电力调度，立即用母联或上一级开关切除运行。

18. 真空开关灭弧装置损坏应怎样处理？

故障现象：

真空开关灭弧装置损坏。

故障原因：

(1) 灭弧室慢性漏气。

(2) 触头弹簧和开断弹簧的长度满足不了使用要求。

(3) 施工过程撞击引起。

处理方法：

(1) 当值班员检查发现真空开关灭弧装置损坏后，应立即汇报电力调度，用母联开关或上一级开关停掉Ⅰ段或Ⅱ段母线使真空开关退出运行。

(2) 真空开关退出运行后，进行详细的检查和处理更换。

19. 夜间检查时发现刀闸有放电现象怎样处理？

故障现象：

刀闸有明显放电现象或者听到有“噼啪”的放电声。

故障原因：

主要是操作过程中质量不过关，刀闸未合到位，或机构固定不准等。

处理方法：

(1) 首先熄灯进行逐台设备检查。

(2) 汇报电力调度。

(3) 倒闸操作，做好安全措施。

（4）维修队伍进行抢修。

（5）根据电力调度指令，恢复送电。

20. 6kV 母线发生单相接地如何处理?

故障现象：

警铃响，“母线接地”“信号未复归”光字牌亮，三相电压指示不平衡，接地相降低或为零，其他两相升高。

处理方法：

（1）判断接地相别及接地性质，恢复信号，汇报电力调度。

（2）所内操作及检修工作立即停止。

（3）穿绝缘靴检查所内设备，判断接地点是否在所内。

（4）按电力调度命令拉开母联开关，判断是哪段接地。

（5）按电力调度命令用瞬时拉、合开关的方法选择接地线路。

（6）严禁用刀闸拉开故障点。

（7）记录时间和现象。

（8）注意接地时间不能超过 2h。

注：综合自动变（配）电所及采用小车开关的变（配）电所参考以上方法执行。

21. 全厂突然失电如何处理?

故障现象：

蜂鸣器、警铃响，“信号未复归”光字牌亮，主变压器停止运行，除直流表外所有表计归零（注意：不要将所（站）用变压器停电或照明系统故障判断为全所失电）。

故障原因：

（1）穿越性故障。

（2）进线电缆击穿故障。

(3) 上级变电所失电。

处理方法：

(1) 检查并手动跳开带低电压保护的回路开关。

(2) 检查高压柜所有保护是否有穿越性故障发生（保护区外发生故障时，对于流过本体元件或线路的电流既为穿越电流，故障既为穿越故障）。

(3) 检查高压进线电缆是否击穿，保护是否动作。

(4) 和上级变电所联系，查明事故原因，汇报电力调度，并做好详细记录。

注：综合自动变（配）电所及采用小车开关的变（配）电所参考以上方法执行。

22. 如何查找运行开关信号灯红、绿灯不亮原因及处理？

故障现象：

开关运行红灯、绿灯不亮。

故障原因：

(1) 熔断丝熔断或接触不良。

(2) 灯泡损坏或接触不良。

(3) 灯泡附加电阻断线。

(4) 转换开关接点接触不良。

(5) 开关辅助接点接触不良。

(6) 跳闸线圈断线。

(7) 防跳跃闭锁继电器 TBJ 电流线圈断线或接触不良（红灯、绿灯不亮）。

处理方法：

(1) 检查测试熔断丝有无熔断。

(2) 更换指示灯。

(3) 以上原因排除后汇报电力调度，由电力调度安排变压器检修人员处理。

23. 如何处理 6kV 线路断路器故障跳闸？

故障现象：

（1）蜂鸣器响，跳闸开关绿灯闪光，电流表计归零。

（2）“信号未复归”光字牌亮，后台机语音提示 6kV 线路断路器开关由合到分。

处理步骤：

（1）根据保护动作、开关跳闸情况判断故障设备，并把故障时间、现象、跳闸开关、仪表变化、保护动作及重合闸动作情况汇报电力调度且录音。

（2）复归信号及跳闸开关 KK 把手，检查开关本体及出线。

（3）在调度的指挥下做以下操作：

①重合闸动作成功，检查开关灯光显示及表计、开关外观情况汇报电力调度，监视运行。

②重合闸装置未投或未动作，在调度命令下，进行一次试送电，试送不成功，汇报电力调度，拉开故障开关、刀闸并做好安全措施；试送电成功，汇报电力调度，加强监视，派人查找重合闸未动作原因。

③重合闸动作不成功，隔离故障设备做好安全措施，等待处理。

注意事项：

（1）应根据保护动作仪表指示综合分析。

（2）两人进行对保护动作范围内设备全面检查。

（3）按国家颁发的有关法规或企业自定有关规定执行。

注：综合自动变（配）电所及采用小车开关的变（配）电所参考以上方法执行。

24. 如何处理所用变压器故障跳闸？

故障现象：

蜂鸣器、警铃响，故障所、故障站用变压器保护动作，开关跳闸，所用、站用变压器所有表计指示归零。

处理步骤：

（1）根据保护动作情况、低压交流盘面仪表指示进行判断，到现场检查故障情况，汇报电力调度，说明故障现象。

（2）复归音响、信号。

（3）检查所用变压器有无喷油等严重泄漏，检查密封胶垫有无严重损坏、漏油，检查瓷套有无裂纹，检查变压器油温、油位。

（4）在电力调度命令下处理：

①拉开所用变压器开关及高低压侧刀闸。

②拉开所用变压器低压侧熔断丝。

（5）合上低压母联开关，恢复低压Ⅰ段、低压Ⅱ段母线运行。

（6）检查低压盘电压表、电流表指示正常，检查低压负荷正常。

（7）做好安全措施，在高压侧验电装设接地线，将低压开关和刀闸拉开并拉至检修位置。

注意事项：

（1）所用变压器故障时，为保证所用电，立即切换所用变压器。

（2）若检查所用变压器因过负荷熔断丝熔断，变压器无本体故障时必须更换同等规格熔断丝。

注：综合自动变（配）电所及采用小车开关的变（配）

电所参考以上方法执行。

25. 如何处理主变压器“过负荷”或“过温度”信号故障?

故障现象：

（1）铃响，主变压器盘面“过负荷”或“过温度”光字牌亮。

（2）主变压器电流表指示增加，超过额定负荷，主变压器油温达到80℃以上。

处理步骤：

（1）计算主变压器过负荷倍数，若主变压器“过温度”的同时，主变压器过负荷，确认主变压器“过温度”是由于过负荷引起的。

（2）将“过负荷”包括负载电流及“过温度”情况详细汇报电力调度。

（3）正常过负荷时，当负载电流运行时间达到规程规定时限时，与电力调度联系转负荷，事故过负荷严重时，与电力调度联系可按拉闸顺位表拉闸限电。投入备用冷却器，监视主变压器油温。

（4）检查变压器的负荷和油温，并与以往同样负荷及冷却条件下相对比，若高出10℃以上而又无冷却器及温度表等异常故障，则认为变压器内部出现异常，应立即汇报电力调度，要求紧急停运，如情况严重，可先停运，后汇报电力调度。

（5）检查温度计本身是否失灵，遥测温度装置电源是否中断，变压器左右测温是否指示一致。

（6）检查冷却系统。

①冷却系统表面有无积灰堵塞。

②阀门有无打开。

③风扇运转是否正常，数量是否合适。

(7) 若检查确认冷却系统故障，应尽量排除，若不能排除，变压器可以继续运行，汇报电力调度减负荷。

(8) 若冷却系统全停，且运行人员无法恢复，汇报电力调度转负荷，将变压器立即停运。

注意事项：

若变压器需紧急停运，调度下令隔离故障设备：

(1) 拉开主变压器高压侧、低压侧开关和刀闸。

(2) 在变压器高、低压侧分别验电、挂接地线。

(3) 等待检修人员处理。

注：综合自动变（配）电所及采用小车开关的变（配）电所参考以上方法执行。

26. 如何处理主变压器“轻瓦斯”信号故障？

故障现象：

铃响，主变压器盘面“轻瓦斯”光字牌亮，后台机显示主变压器“轻瓦斯”动作。

处理步骤：

(1) 记录瓦斯继电器动作的次数、间隔时间的长短，气量的多少。检查变压器油面高度，检查变压器是否有漏油现象，检查直流系统是否接地误发信号，检查二次回路有无故障，瓦斯继电器接线盒是否进水，电缆绝缘有无老化现象。

(2) 将故障时间和现象汇报电力调度。

(3) 若非变压器故障的原因，且瓦斯继电器内充满油，无气体，则排除其他方面的故障，变压器可继续运行。未发现变压器故障现象，但瓦斯继电器内有气体，经取气检查为无色、无味不可燃的气体，是空气，应及时排气，监视并记

录每次“轻瓦斯”信号发出的间隔，若间隔变长，说明变压器内部和密封无问题，空气会逐渐排完。若“轻瓦斯”信号发出的间隔不变甚至变短，说明密封不严进入空气，应汇报电力调度，按调度令将“重瓦斯”改投信号位置。发现变压器有故障现象或取气为有色、有味、可燃的气体，是变压器内部故障，汇报电力调度，要求将变压器停电检查。

（4）变压器不可以带电加油。

（5）若上述检查无问题，可判断是变压器内部轻微故障而产生气体，汇报电力调度。

注：综合自动变（配）电所及采用小车开关的变（配）电所参考以上方法执行。

27. 如何查找断路器合闸失灵的原因？

故障现象1：

电气操作回路拒绝合闸。

（1）开关在合闸状态，绿灯闪光、喇叭响。

（2）开关在合闸状态，绿灯熄灭，灯泡未坏。

（3）合闸时，红绿灯变暗，直流母线电压表变化范围较大。

（4）合闸时蓄电池放电电流表无显著变化。

（5）合闸后自动跳闸。

（6）合闸后开关仍指示跳闸。

处理步骤1：

（1）检查操作直流熔断丝是否熔断，直流母线电压是否合适。

（2）检查操作把手合闸接点是否接通，防跳继电器（JBJ）是否在失磁状态或常开接点是否接通。

(3) 检查开关常闭辅助接点接触是否良好。

(4) 检查合闸接触器线圈是否断线，极性是否接反。

(5) 检查合闸熔断丝是否熔断。

(6) 检查直流系统有无接地。

(7) 检查开关机构是否卡滞。

(8) 将上述检查情况汇报电力调度，安排有关检修人员或继电人员进行检修。

故障现象2：

操作机构故障拒绝合闸。

(1) 用操作把手合闸时，红灯亮，但恢复把手后红灯熄灭。

(2) 合闸时，直流放电电流表有显著变化。

(3) 开关仍指示分闸。

处理步骤2：

(1) 检查直流母线电压不应超过或过低（220±5V）。

(2) 检查开关合闸合时，机构挂钩应挂住。

(3) 检查机构是否恢复，铁芯是否被异物卡住。

(4) 检查机构各部零件是否损坏。

(5) 将上述检查情况汇报电力调度，安排有关检修人员或继电人员检修。

28. 如何处理主变压器风机故障？

故障现象：

(1) 铃响，“风机电源故障”光字牌亮。

(2) 故障冷却器停运或冷却器全停，在负荷电流未异常变化时，变压器油温升高。

处理步骤：

(1) 将故障现象汇报电力调度。

（2）若冷却器全停，检查风冷电源是否正常，检查所用变压器是否停电。若是某组风机故障，判断哪一组风机故障。检查风机熔断丝是否熔断，拉开故障风机电源熔断器。

（3）检查风机无明显故障，更换相同规格的熔断丝，风机试送电运行。

（4）如果是风冷电源造成风机故障，迅速投入备用电源或倒所用变压器，恢复风冷电源。如果是风机回路故障，检查交流接触器、热继电器、中间继电器等元件，查出故障点，更换相应的元件。如上述检查无问题，则可能是风机本身问题，汇报电力调度，派专业人员处理。处理中监视主变压器油温，启动备用冷却器。

注意事项：

（1）两人进行，戴线手套。

（2）风冷全停，监视主变压器油温，避免主变压器过温度，随时调整风冷组数。

29. 如何处理 6kV 馈线回路断路器拒跳闸故障？

故障现象：

蜂鸣器、警铃响，主变压器 6kV 侧后备保护动作，信号继电器掉牌，6kV 单段母线失电。

处理步骤：

（1）记录时间、现象，拉开拒跳开关操作熔断丝，手动拉开拒跳开关。汇报电力调度，复归信号。调度下令拉开拒跳开关两侧刀闸，做好安全措施，尽快恢复 6kV 停电母线供电。

（2）检查控制电源：检查控制电源是否正常，检查控制熔断丝是否熔断，拒跳开关外观检查有无异常，检查直流电是否接地。

(3) 检查控制装置：检查控制开关是否接触不良，检查跳闸回路有无断线，在冷备用位置用控制开关试分闸操作，检查操作机构辅助接点是否接触，检查跳闸线圈是否断线或烧坏。

(4) 检查继电保护装置：检查继电保护动作是否正常，检查保护元件、电流继电器动作，检查时间或出口继电器有无异常，检查信号继电器及出口压板是否接触不良。

(5) 检查操作机构：检查在跳闸脉冲作用下跳闸铁芯的反应，在跳闸脉冲作用下检查跳闸线圈是否带电，用表测试，检查操作机构中辅助接点。

(6) 检查发现的问题，值班人员能处理的，则应采取措施及时处理，值班人员不能处理的，视具体情况汇报电力调度，通知检修人员处理。

注：综合自动变（配）电所及采用小车开关的变（配）电所参考以上方法执行。

30. 如何处理直流母线电压过高或过低故障？

故障现象：

警铃响，直流屏“直流母线电压过高”或“直流母线电压过低”光字牌亮，表计显示异常。

处理步骤：

(1) 记录直流母线电压指示数值。

(2) 直流母线欠压原因查找：检查浮充电流是否正常，检查直流负荷是否突然增大，检查蓄电池运行是否正常，测试蓄电池电压，检查充电动机交流进线是否缺相，检查直流回路接线是否有松动。

(3) 直流母线欠压原因处理：若属直流负荷突然增大，应立即查找突然增大原因，采取相应措施，使母线电压保持

在正常规定值。若蓄电池异常，汇报电力调度由变检人员采用主充电或更换电池。若是充电动机交流进线缺相引起电压过低，及时恢复交流三相电源。若直流回路接线问题，汇报调度，安排专业人员处理。

(4) 直流母线过压检查处理：降低浮充电流，使母线电压恢复正常。检查直流室自动控制器是否故障，若故障，及时汇报调度处理。母线电压调整开关在“手动”挡时，及时调整到正常电压或由“手动挡”切换至“自动挡”。

注意事项：

(1) 为避免保护或自动装置误动作，汇报调度，将保护或自动装置退出运行。

(2) 保护或自动装置退出运行不应超过10min。

(3) 直流母线发过压或欠压信号时，立即汇报电力调度。

(4) 处理时，避免造成直流电接地或将直流电元件损坏。

注：综合自动变（配）电所及采用小车开关的变（配）电所参考以上方法执行。

31. 如何处理运行中电容器异常及故障?

故障现象：

(1) 允许先停电后汇报的事故：

①电容器外壳破裂、喷油、冒烟。

②金属严重放电、闪络。

③内部有严重放电异音。

④接点烧熔，形成两相运行。

⑤系统振荡或失电。

(2) 必须先汇报后处理的故障：

①严重漏油、渗油。

②内部有杂音。

③器身鼓胀大于10mm。

④套管裂纹有混合物流出。

⑤电容器熔断丝熔断。

⑥有焦糊味。

⑦运行电压超过1.1倍额定电压，电流超过1.30倍的额定电流，三相电流偏差超过±5%。

⑧电容器控制柜内附属设备异常。

处理步骤：

（1）立即汇报电力调度。

（2）在电力调度命令下，拉开电容器组开关、刀闸。

32. 如何处理断路器事故跳闸后无音响信号故障？

故障排查：

按下事故音响信号装置、试验按钮，检查有无音响信号。区分是装置自身故障还是该断路器事故音响回路故障。检查事故音响装置电源，检查事故音响回路熔断丝是否熔断。

处理步骤：

（1）处理事故音响装置故障。

①检查蜂鸣器是否损坏。

②检查冲击继电器是否动作。

③检查中间继电器是否动作。

④检查事故音响装置二次回路有无断线。

⑤将检查情况汇报电力调度，等待检修人员处理。

⑥维修后应检查试验。

（2）检查处理断路器控制回路。

①用万用表检查控制开关接点接触是否良好，是否导通。

②检查断路器辅助接点是否接触良好。

③检查事故音响电阻是否断线。

④将检查情况汇报电力调度，等待检修人员处理。

⑤维修后应检查试验。

注意事项：

检查时不得造成直流电接地短路或触电事故。

33. 变压器保护动作后检查处理?

故障现象：

(1) 警铃、蜂鸣器响，“信号未复归”光字牌亮。

(2) 跳闸变压器高、低两侧开关绿灯闪光，保护动作信号继电器掉牌。

(3) 跳闸变压器电流表表计归零，另一台变压器电流升高。

处理步骤：

(1) 检查继电器保护动作情况。

①检查信号继电器掉牌，复归信号继电器。

②检查主变压器两侧断路器以内连接设备运行状况。

③检查两侧开关跳闸情况、外部有无短路故障。

④检查两侧断路器接线、CT是否有故障。

⑤检查两侧隔离开关。

⑥将检查汇报电力调度，说明故障现象。

(2) 检查变压器外部、套管及引线有无放电闪络痕迹，检查变压器套管有无脏污、裂纹，引线有无断线，检查变压器有无严重渗漏及喷油，油温、油色、油位是否正常，检查变压器保护动作区内各测一次设备、电流互感器引线、穿墙套管等有无故障，检查分接开关。

(3) 检查所内有无其他保护动作信号，检查直流电源电压是否正常，检查直流系统有无接地现象。

(4) 根据主保护、后备保护动作情况，检查保护动作范围内一次设备故障现象（包括变压器外部故障、变压器内部故障），判断主变压器保护正确动作、直流系统多点接地等保护误动作。

（5）汇报电力调度，在调度令下隔离故障设备。

①拉开变压器高低压侧断路器。

②在变压器高低压侧验电、装设安全措施。

（6）若属保护误动作，查明原因后，消除故障，调度令下将变压器投入运行。

注意事项：

（1）故障原因不清，严禁将故障变压器投入运行。

（2）事故处理中，加强运行变压器负荷、油温监视，避免运行变压器过负荷，保证运行变压器安全运行。

注：综合自动变（配）电所及采用小车开关的变（配）电所参考以上方法执行。

34. 如何处理变电所母线故障？

故障现象：

（1）压接接点过热。

（2）接在母线上的绝缘瓷瓶闪络击穿。

（3）母线发生短路或断线。

（4）由于误操作造成母线故障。

处理步骤：

（1）准确记录故障时间、现象，复归音响、信号。复归母线上故障断路器 KK 把手，有自动投切装置及时停用，汇报电力调度。

（2）影响所用变压器而使全所失去照明及直流电源，应检查另一母线电压是否在正常范围内，若有电压则尽快倒所用变至另一母线，恢复照明及直流电源。

母差保护动作范围内的电气设备检查。

①检查母线绝缘子有无放电闪络。

②全面检查跳闸开关外观。

③检查母线上隔离开关、绝缘子或避雷器有无损坏。

④检查母线上电压互感器及装设在断路器和母线之间的电流互感器有无故障。

⑤检查母差保护二次回路有无故障引起母差误动，检查是否有误操作，带负荷拉母线上隔离开关造成母线故障，将检查情况汇报电力调度。

（3）查到故障点后，汇报电力调度。在调度令下操作，迅速隔离故障设备，拉开跳闸开关、刀闸及电压互感器，做好安全措施，尽快恢复其他设备运行。若经过检查仍不能找到故障点，可用外来电源对故障母线进行试送电。若用本所主变压器或母线开关试送电，试送的开关必须完好，保护装置正常，带充电保护。

注意事项：

（1）区分母线失压或全所停电，不能只根据所内有无照明来判断，应根据系统电压、电流、功率等进行综合判断，必要时用验电器验电。

（2）倒所用变压器要防止两台所用变压器并列。处理母线故障时，必须断开所有电源及反馈电源，装设安全措施后方可进行工作。

35. 怎样查找、处理直流系统接地故障？

故障现象：

警铃响，直流屏“直流接地”光字牌亮。

处理步骤：

（1）直流母线接地极性判断。

通过切换绝缘监察表指示情况，检查直流母线哪极接地，正对地电压指示为220V时，负极接地，当负对地电压指示为220V时，正极接地。

（2）直流母线接地查找。

调度下令，采用瞬间分、合操作直流开关的方法确定故障范围，首先分段进行选择，先选无重合闸的直流合闸电源回路，再依次根据负荷的主次进行选择，顺序如下：

①事故照明直流回路。

②备用设备操作回路。

③信号回路（可以拉总信号，确认后再拉分支回路）。

④合闸动力回路。

⑤联系调度，拉合直流操作回路。

⑥直流母线和蓄电池。

（3）选择操作时，一人执行，一人监视表计指示，当拉开某一回路，发现故障消除时，应逐步缩小检查范围，经过选择故障仍存在，应检查直流母线本身及电流表、电压表及信号回路。

注意事项：

（1）禁止使用内阻低于2000Ω的仪表查找接地。

（2）直流发生接地时，禁止在二次回路上工作。

（3）杜绝查找接地时直流短路或另一点接地。

（4）查找接地时，不得使控制、保护、信号回路长时间失去电源。

（5）查找直流接地时必须由两人进行。

（6）切断某一回路直流电源前，采取防止直流失压可能引起保护误动措施。

（7）发生接地时，直流回路有临时工作，应先查临时

工作有无造成接地的可能。

(8) 如正在操作某一设备瞬间发生接地，则应首先判断该回路有无接地现象。

注：综合自动变（配）电所及采用小车开关的变（配）电所参考以上方法执行。

36. 35kV 小车开关插头放电故障处理？

故障现象：

开关柜内有连续的“呲呲”放电声。

处理步骤：

(1) 立即汇报站队值班干部、电力调度，由电力调度协调检修人员处理，同时岗位值班人员穿戴安全护具，对放电开关进行巡视。

(2) 供电变检人员持票进入现场后，检查发现开关分合闸操作把手位置角度与合闸位置所应在的角度不符，从开关正面能判断出放电声来自开关动静插头之间发出。由此判断开关向外发生位移造成 6 个动静插头接触不到位，动静插头之间放电。

(3) 操作开关到位后，操作把手上弹簧卡销没有完全到位，开关经过多次分、合闸操作，对本体造成振动，导致操作把手上的卡销向外发生窜动失去了限位功能，操作把手在受到小车开关自身向外的张力而使手车开关本体向外发生位移，开关触头接触不良产生放电现场。

(4) 值班人员向电力调度申请下令将开关拉至检修位置，供电变压器检修人员对开关触头进行外观检查未见异常；对开关进行耐压试验及一次加电流试验，试验合格，开关可以投入运行。电力调度下令将该开关由冷备用转运行，合闸后开关放电声音消失，运行正常。

注意事项：

岗位人员在对小车开关操作后，严把操作质量关。操作后对开关各部位认真检查，尤其是开关操作把手弹簧卡销是否到位，避免开关发生位移。

37. 主控制室后台机黑屏故障时，如何进行正常数据录取工作？

故障现象：

变电所主控室后台机黑屏，无法进入在线监控系统。

处理步骤：

(1) 记录时间，汇报值班干部、电力调度，做好记录。

(2) 重新启动后台机。

(3) 故障仍存在，联系综合自动维护人员尽快到现场进行处理。

(4) 现场操作保护测控装置进行数据录取。

(5) 根据二次值正确换算一次值。

注意事项：

岗位人员在操作现场保护测控装置时不得修改装置内任何参数，读取参数工作必须由两人进行。

38. 变电所高压小车开关触头过热故障如何处理？

故障现象：

变电所后台机显示：××开关×相上、下插头高温报警(65℃)，查看高压开关温度报表，有温度持续上升的趋势。现场检查热故障预警仪显示：××开关×相上、下插头温度值。

处理步骤：

(1) 值班人员立即现场检查开关插头测温显示。

(2) 值班人员检查回路运行电流。

(3) 如果回路电流有所升高，采取措施降低负荷电流。

（4）记录时间、汇报值班干部、电力调度。

（5）如果温度继续上升，立即停运开关。申请汇报电力调度下令将开关转至检修位置，并做好安全措施。

（6）由专业检修人员办理工作票或者抢险任务书，到现场检查测试，对开关动、静触头详细检查、处理，必要时进行更换。对静插头与柜内母线接触部位进行检查处理，必要时将柜内铝母排更换为铜母排。

注意事项：

（1）开关触头温度超过70℃并有继续上升趋势，必须立即停运开关。

（2）值班人员将高温状态时的具体超温部位记录清楚，便于检修人员处理。

39. 变电所高压开关无线测温时触头温度无显示故障如何处理？

故障现象：

变电所后台机高压开关柜温度报表上高压开关触头温度无显示。

处理步骤：

（1）值班人员进入高压室，对相应开关柜柜门上的热故障预警仪外观、接线及电源进行检查，确认不是由于外部故障导致温度无显示。

（2）立即汇报值班干部、电力调度。

（3）待检修期由专业人员现场更换触头感温片或电池。

注意事项：

在热故障预警仪温度无显示运行期间，加强对回路电流的监控，增加高压开关巡检次数，发现高压开关温度异常，及时汇报并处理。